高职高专计算机专业精品教材

Flash CS6
动画制作案例教程

王 芳　张庆玲　韩丽苹　主 编

刘婧婧　舍乐莫　刘素芬　于慧凝　副主编

清华大学出版社

北 京

内 容 简 介

本书通过精选的项目案例,全面系统地介绍了 Flash CS6 的基本操作和动画制作技巧。本书采用"项目任务"模式,体现了理论的适度性、实践的指导性、应用的完整性;以知识性与技能性相结合的方式,边讲解边举例,图文并茂,操作步骤详细;实训内容新颖、典型,实用性、指导性较强,能激发学生的学习兴趣和动手欲望。

本书包括 15 个项目,分别是简单动画影片的建立、图形的绘制、动画的制作、特效文字的制作、元件的应用、图层的运用、按钮控制的运用、带片头的图片欣赏、音画的欣赏、制作网络广告、宣传片的制作、电子贺卡的制作、网页片头设计、教学课件的制作、公益广告的制作。

本书可作为高职高专的教学用书,也可供从事动画设计、广告设计和片头制作的动画爱好者自学参考。

图书在版编目(CIP)数据

Flash CS6 动画制作案例教程/王芳,张庆玲,韩丽苹主编.—北京:清华大学出版社,2017
(高职高专计算机专业精品教材)
ISBN 978-7-302-46598-0

Ⅰ.①F⋯ Ⅱ.①王⋯ ②张⋯ ③韩⋯ Ⅲ.①动画制作软件—高等职业教育—教材 Ⅳ.①TP391.414

中国版本图书馆 CIP 数据核字(2017)第 031233 号

责任编辑:王剑乔
封面设计:傅瑞学
责任校对:李 梅
责任印制:刘海龙

出版发行:清华大学出版社
　　　　网　　　址:http://www.tup.com.cn,http://www.wqbook.com
　　　　地　　　址:北京清华大学学研大厦 A 座　　　　　邮　　编:100084
　　　　社 总 机:010-62770175　　　　　　　　　　　　邮　　购:010-62786544
　　　　投稿与读者服务:010-62776969,c-service@tup.tsinghua.edu.cn
　　　　质量反馈:010-62772015,zhiliang@tup.tsinghua.edu.cn
　　　　课件下载:http://www.tup.com.cn,010-62770175-4278
印 装 者:三河市铭诚印务有限公司
经　　销:全国新华书店
开　　本:185mm×260mm　　　　印　张:12.5　　　　字　数:303 千字
版　　次:2017 年 5 月第 1 版　　　　　　　　　　　　印　次:2017 年 5 月第 1 次印刷
印　　数:1~2000
定　　价:38.00 元

产品编号:073237-01

前言

FOREWORD

Flash 是一款制作多媒体动画的软件，该软件自推出之日起就深受广大动画设计人员的喜爱。目前很多职业院校都开设了动画设计课程，Flash 课程是计算机应用等相关专业的一门必修课。

本书在深入市场调查研究的基础上，会同高职院校教师和教研人员按照计算机及应用专业的人才培养要求，结合实际需求，对教材体系进行了大胆的创意设计。编者根据学生的认知特点，由浅入深，循序渐进，选取了一些贴近学生生活的典型案例进行编排。

本书采用项目任务教学理念，打破了传统的教材编写模式，以项目任务为中心，开拓出一种全新的教材模式和学习方法，让学生通过教材中一个个任务的学习和实践，将课本知识和生活实际有机结合。书中任务通俗易懂，图文并茂，趣味性强，且可以扫描二维码获得制作效果，能够提高学生的学习兴趣，培养学生的综合实践能力。

本书详细介绍了 Flash 的基本知识和操作技巧，每个项目叙述简明、经典恰当。书中用到的素材及 Flash 制作效果可以扫描下方二维码获取。您也可以在网上下载自己喜欢的素材。本书主编为王芳（包头轻工职业技术学院）、张庆玲（包头轻工职业技术学院），韩丽苹（包头轻工职业技术学院）；副主编为刘婧婧（包头轻工职业技术学院）、舍乐莫（内蒙古机电职业技术学院）、刘素芬（包头轻工职业技术学院）、于慧凝（包头轻工职业技术学院）。其中王芳编写项目 1 至项目 3，张庆玲编写项目 4 至项目 6，韩丽苹编写项目 7 至项目 9，刘婧婧编写项目 10 和项目 11，舍乐莫编写项目 12 和项目 13，刘素芬编写项目 14，于慧凝编写项目 15。

虽然编者在编写过程中倾注了大量心血，但恐百密之中仍有疏漏，恳请广大读者及专家不吝赐教。

编　者
2017 年 3 月

书中用到的素材及 Flash 制作效果

目 录

CONTENTS

项目 1　简单动画影片的建立 ………………………………………………… 1

　项目任务　创建"包头轻工职业技术学院"的影片文件 ……………………… 1

　拓展任务　Flash 作品图展 …………………………………………………… 4

　实战训练　创建自绘图形 ……………………………………………………… 5

项目 2　图形的绘制 ……………………………………………………………… 7

　项目任务　基本绘图工具的使用 ……………………………………………… 7

　　任务 1　绘制标语牌 ………………………………………………………… 7

　　任务 2　绘制星星月亮 ……………………………………………………… 9

　　任务 3　绘制一棵小树 ……………………………………………………… 12

　　任务 4　绘制圣诞帽 ………………………………………………………… 15

　　任务 5　制作珍珠心 ………………………………………………………… 17

　拓展任务　绘制竹子 …………………………………………………………… 19

　实战训练　绘制卡通人物 ……………………………………………………… 20

项目 3　动画的制作 ……………………………………………………………… 21

　项目任务　运动动画的制作 …………………………………………………… 21

　　任务 1　制作小球滚动的效果 ……………………………………………… 21

　　任务 2　模拟投篮效果 ……………………………………………………… 22

　　任务 3　制作旋转的星星 …………………………………………………… 24

　　任务 4　制作繁星闪烁效果 ………………………………………………… 25

　项目任务　形变动画的制作 …………………………………………………… 27

　　任务 5　制作人变字动画 …………………………………………………… 27

　　任务 6　制作变化的 ABCD 效果 ………………………………………… 29

　　任务 7　制作图形变换效果 ………………………………………………… 30

　项目任务　逐帧动画的制作 …………………………………………………… 32

　　任务 8　制作"畅想 2012 巴西奥运会"逐帧动画 ………………………… 32

　　任务 9　制作可爱的家 ……………………………………………………… 32

　拓展任务　制作会动的时钟 …………………………………………………… 35

　实战训练　制作"欢迎"球变文字效果 ……………………………………… 37

项目 4　特效文字的制作 ··· 38

　　项目任务　制作静态特效文字 ··· 38

　　　　任务 1　制作七彩字 ··· 38

　　　　任务 2　制作空心字 ··· 39

　　　　任务 3　制作发光字 ··· 40

　　　　任务 4　制作阴影字 ··· 41

　　项目任务　制作动态特效文字 ··· 42

　　　　任务 5　制作电影文字 ·· 42

　　　　任务 6　制作风吹字 ··· 43

　　　　任务 7　制作闪动字 ··· 45

　　拓展任务 ·· 46

　　　　拓展 1　制作图片字 ··· 46

　　　　拓展 2　制作拖尾文字 ·· 46

　　实战训练 ·· 47

　　　　实战 1　制作金属字 ··· 47

　　　　实战 2　制作闪光字 ··· 48

项目 5　元件的应用 ··· 49

　　项目任务　元件的创建 ·· 49

　　　　任务 1　制作变色的文字 ·· 49

　　　　任务 2　制作移动的白条 ·· 50

　　　　任务 3　制作新春横幅动画 ·· 52

　　　　任务 4　制作扇形按钮 ·· 53

　　　　任务 5　制作发光按钮 ·· 54

　　拓展任务　制作会放电的按钮 ··· 57

　　实战训练　制作跳跃的文字 ·· 58

项目 6　图层的运用 ··· 59

　　项目任务 ·· 59

　　　　任务 1　图片的简单切换 ·· 59

　　　　任务 2　制作转动的地球 ·· 61

　　　　任务 3　制作飞机飞行效果 ·· 62

　　　　任务 4　制作花环 ··· 63

　　拓展任务　图片切换 ··· 65

　　实战训练　手写字 ··· 66

项目 7　按钮控制的运用 ·· 67

　　项目任务 ·· 67

　　　　任务 1　按钮控制的圣诞卡 ·· 67

　　　　任务 2　控制播放 ··· 70

　　拓展任务　按钮热区 ·· 75

　　实战训练　制作"电视频道"动画 ···································· 76

项目 8　带片头的图片欣赏 ··· 77

　　项目任务　制作"带片头的图片欣赏"动画 ························ 77

　　拓展任务　制作"公益活动的展示"动画 ·························· 80

　　实战训练　制作"校园安全"主题片 ······························ 82

项目 9　音画的欣赏 ·· 83

　　项目任务　音画欣赏 ·· 83

　　拓展任务　视频的控制播放 ·· 91

　　实战训练　制作"请勿酒后驾车"动画 ···························· 93

项目 10　制作网络广告 ·· 94

　　项目任务　制作包头轻工职业技术学院广告条 ·················· 95

　　拓展任务　制作 iPod 广告 ··· 99

　　实战训练　制作"班级网站"广告条 ······························ 104

项目 11　宣传片的制作 ·· 105

　　项目任务　制作旅游宣传片 ·· 105

　　拓展任务　制作民俗风情宣传片 ··································· 110

　　实战训练　制作班级文化建设宣传片 ······························ 113

项目 12　电子贺卡的制作 ·· 114

　　项目任务　制作教师节贺卡 ·· 115

　　拓展任务　制作生日贺卡 ·· 124

　　实战训练　制作圣诞节卡片 ·· 130

项目 13　网页片头设计 ·· 131

　　项目任务　制作"馨馨网站"片头 ································· 132

　　拓展任务　制作公司网站片头 ····································· 142

　　实战训练　设计制作"班级网站"片头 ···························· 149

项目 14　教学课件的制作 ·· 150

　　项目任务　制作少儿看图写单词课件 ······························ 152

　　拓展任务　制作计算机教学课件 ··································· 160

　　实战训练　制作多媒体教学课件 ··································· 170

项目 15　公益广告的制作 ·· 171

　　项目任务　制作文明礼仪伴我行公益广告 ························ 172

　　拓展任务　制作"讲文明,爱环境"公益宣传动画 ················ 185

　　实战训练　制作"给后代留点绿色"公益广告宣传动画 ············ 193

参考文献 ··· 194

项目 1

简单动画影片的建立

本项目主要让学生熟悉 Flash CS6 的工作界面,掌握建立 Flash 影片的一些基本操作。

◇ 熟悉 Flash CS6 软件的工作界面。

◇ 掌握影片的建立、文档属性的设置,以及保存、测试等操作。

项目任务　创建"包头轻工职业技术学院"的影片文件

创建一个名为"包头轻工职业技术学院"的影片文件,设置舞台大小为 $300×200px$,背景色为深蓝色,保存并测试影片。最终效果图如图 1-1 所示。

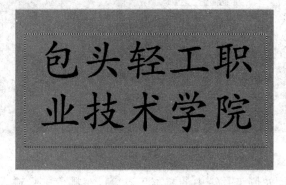

图 1-1　效果图

(1) 新建 Flash 影片文件。启动 Flash CS6,选择"文件"→"新建"菜单命令,弹出"新建文档"对话框,选择 ActionScript 2.0 类型即可新建文档,如图 1-2 所示。

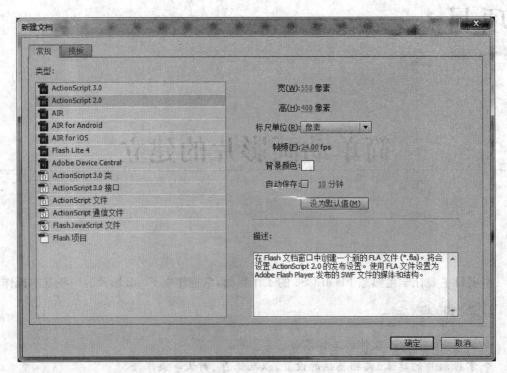

图 1-2　新建文档

（2）设置文档属性。选择"修改"→"文档"菜单命令，弹出"文档设置"对话框，尺寸设置为 300×200px，背景颜色设置为深蓝色，如图 1-3 所示。

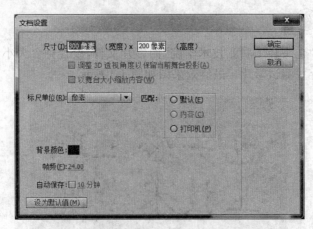

图 1-3　"文档设置"对话框

（3）单击工作界面左侧工具箱中的文本工具 A，在舞台中央输入"包头轻工职业技术学院"字样，字体华文行楷，字号 30 磅，如图 1-4 所示。

（4）保存影片文件。选择"文件"→"保存"菜单命令，输入文件名"包头轻工职业技术学院.fla"即可保存为 Flash 源文件。

（5）测试影片文件。选择"控制"→"测试影片"菜单命令，即可测试影片的动画效果。

图 1-4 输入文字

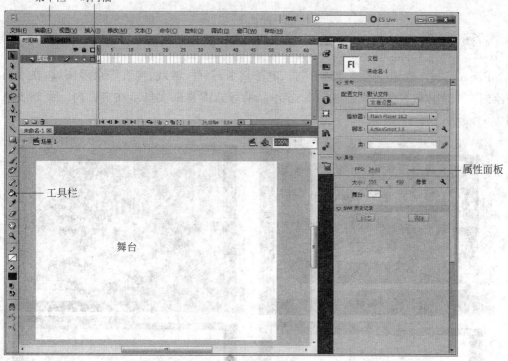

1. Flash CS6 的工作界面

Flash CS6 的工作界面如图 1-5 所示。

图 1-5 Flash CS6 工作界面

2. 影片的建立有三种方法

方法一：开始页法。进入软件的开始页时，在"创建新项目"选择区中，单击 ActionScript 2.0 选项即可创建一个新的 Flash 文件。

方法二：菜单法。进入工作界面后，选择"文件"→"新建"菜单命令，选择"常规"标签中的 ActionScript 2.0 选项，即可创建一个新 Flash 文件。

方法三：模板法。进入工作界面后，选择"文件"→"新建"菜单命令，选择"模板"标签中某一类别的模板，可以新建一个模板文件。

3．影片的保存

打开"文件"菜单，根据需要可以分别选择"保存""另存为""保存并压缩""另存为模板""全部保存"等命令。

4．影片的测试

选择"控制"→"测试影片"菜单命令，即可测试整个影片的动画效果。如果是多场景影片，还可以执行"控制"→"测试场景"菜单命令，只测试当前场景的动画效果。

5．修改文档属性

文档属性通常包括影片尺寸、背景色、帧频（每秒钟播放的帧数）等。修改文档属性的方法有两种：一是选择"修改"→"文档"菜单命令；二是利用工作界面右侧的"属性面板"修改。

拓展任务　Flash 作品图展

Flash 已被广泛地应用于动漫、广告、电子贺卡、课件、游戏、网页等众多领域，在本项目中绘制一个立体效果的窗口，4 张 Flash 作品的静态图片依次显示在窗口内。最终效果如图 1-6 所示。

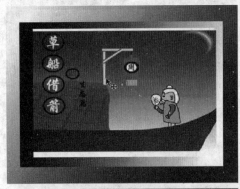

图 1-6　"Flash 作品图展"效果图

（1）导入外部图片。选择"文件"→"导入"→"导入到库"菜单命令，在弹出的"导入到库"对话框中，选择素材文件夹中的 4 张图片，单击"打开"按钮，即可将所选图片导入该影片文件的元件库中。

（2）将图片 1 拖至舞台中间位置。

（3）在第 20 帧按 F7 键插入"空白关键帧"，将图片 2 拖至舞台中。

（4）在第 40 帧按 F7 键插入"空白关键帧"，将图片 3 拖至舞台中。

（5）在第 60 帧按 F7 键插入"空白关键帧"，将图片 4 拖至舞台中，在第 80 帧按 F5 键插入帧。时间轴各关键帧的位置如图 1-7 所示。

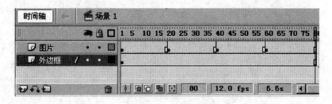

图 1-7　时间轴

（6）单击时间轴下方的"新建图层"按钮，添加一个"外边框"图层，绘制立体效果的外层边框。

（7）保存并测试影片。

通过本项目练习，学习了 Flash CS6 的一些基本知识，对软件的使用有了初步的认识，读者应当熟练掌握文件的新建、保存、测试及文档属性的设置等操作方法，熟悉工作界面，了解外部图片的导入方法。

实战训练　创建自绘图形

"自绘图形"效果图如图 1-8 所示。

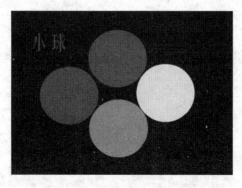

图 1-8　"自绘图形"效果图

创建"自绘图形. fla"文件，设置舞台大小为 400×300px，背景色为蓝色，在舞台中央绘制 4 个不同颜色的圆形。

项目 2

图形的绘制

本项目主要介绍 Flash 中图形绘制工具的使用方法。总体分为基本绘图、图形编辑、颜色处理三类。

◇ 学会使用绘图工具绘制简单的图形。

◇ 学会图形的编辑操作和颜色处理。

项目任务　基本绘图工具的使用

通过绘制标语牌、星星月亮图形,学习 Flash 中矩形、椭圆、多角星形等基本绘图工具的使用方法。

任务 1　绘制标语牌

本任务通过绘制简单的标语牌效果学习矩形工具、椭圆工具和文本工具的使用方法,本任务的最终效果如图 2-1 所示。

图 2-1　效果图

（1）新建文档，在属性面板中单击"大小"按钮，设置舞台大小为 $400\times400px$，背景色为黑色。

（2）单击工具箱中的矩形工具，在属性面板的"矩形选项"区中设置边角半径为 20，如图 2-2 所示。

（3）设置笔触颜色为无，填充颜色为白色，按住鼠标左键拖动，在舞台上绘制一个圆角矩形，如图 2-3 所示。

图 2-2　矩形选项设置

图 2-3　圆角矩形

（4）选择工具箱中的椭圆工具，在属性面板中设置填充颜色为无，笔触颜色为蓝色，笔触高度为 10，笔触样式为实线，在舞台上按住 Shift 键的同时，按住鼠标左键并拖动绘制一个蓝色圆环，效果如图 2-4 所示。

（5）选择工具箱中的选择工具，单击蓝色的圆环，按住 Ctrl 键的同时拖动鼠标，绘制出第二个圆环，单击第二个圆环，在属性面板中设置笔触颜色为红色，如图 2-5 所示。

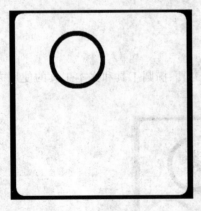

图 2-4　绘制蓝色圆环

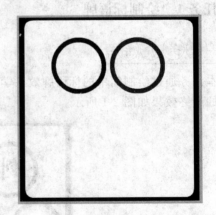

图 2-5　绘制第二个圆环

（6）用同样的方法制作出其他三个圆环，效果如图 2-6 所示。

（7）选择工具箱中的文本工具，在属性面板中将字体设置为"华文行楷"，字号 60，颜色为蓝色，在舞台上输入"创"，效果图如图 2-7 所示。

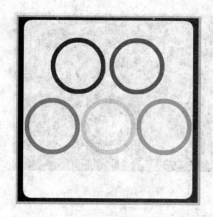

图 2-6　绘制五个圆环

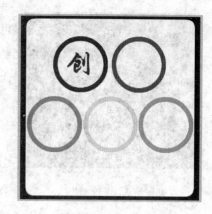

图 2-7　输入文本

（8）用同样的方法，设置不同的文字颜色输入"意""工""作""室"4 个字，最终效果图如图 2-1 所示。

（9）保存文件"绘制标语牌.fla"并测试动画效果。

任务 2　绘制星星月亮

---任务介绍---

本任务通过绘制星星和月亮学习 Flash 中椭圆工具和多角星形工具的使用方法，理解并区分笔触颜色和填充颜色的概念，初步学习任意变形工具和柔化填充边缘命令的使用，本任务最终效果图如图 2-8 所示。

图 2-8　效果图

---操作步骤---

（1）新建文档，设置舞台大小为 400×300px，背景色为黑色。

（2）在工具箱中选择椭圆工具，在属性面板中设置笔触颜色为白色，设置填充颜色为无，按下 Shift 键的同时按住鼠标左键在舞台上拖动，绘制出一个圆形，如图 2-9 所示。

（3）选择工具箱中的选择工具，单击选中图形，然后按下 Alt+Shift 组合键，同时按住鼠标左键拖动圆形，复制出一个新的圆形，如图 2-10 所示。

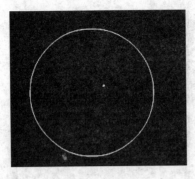

图 2-9　绘制圆形

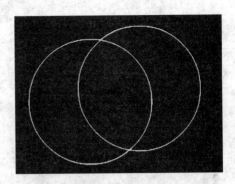

图 2-10　复制圆形

（4）用鼠标依次选中多余部分，按 Delete 键将其删除，产生月亮形状，如图 2-11 所示。

（5）选择工具箱中的颜料桶工具，在属性面板中设置填充颜色为黄色，将颜料桶移至月亮内部并单击，即可填充为黄色，如图 2-12 所示。

（6）选择工具箱中的选择工具，单击选中月亮周围的白色线条，按 Delete 键将其删除，如图 2-13 所示。

图 2-11　月亮基本形状

图 2-12　填充月亮内部

图 2-13　删除白色线条

（7）选中月亮图形，选择"修改"→"形状"→"柔化填充边缘"菜单命令，在打开的"柔化填充边缘"对话框中进行如图 2-14 所示的参数设置，此时月亮周围会产生模糊的朦胧效果。

（8）选中工具箱中的选择工具，从月亮的左上角向右下角拖动出一个矩形，将整个月亮选中。然后从工具箱选择任意变形工具，将旋转中心向左下方稍稍移动，把鼠标指针放到方框外边，待鼠标指针变成旋转样式时，按住鼠标左键拖动月亮进行旋转，效果如图 2-15 所示。

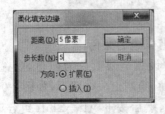

图 2-14　参数设置

图 2-15　旋转月亮

（9）选择工具箱中的多角星形工具，在属性面板中单击"选项"按钮，在弹出的"工具设置"对话框中进行如图 2-16 所示的参数设置。

（10）在属性面板中将笔触颜色设置为无，填充颜色为黄色，按住鼠标左键在舞台上拖动绘制出一颗黄色星星，如图 2-17 所示。

图 2-16 "工具设置"对话框   图 2-17 绘制星星

（11）用同样的方法绘制出更多不同颜色的星星，完成后效果如图 2-8 所示。

（12）保存文件"绘制星星月亮.fla"并测试。

1. 矢量图与位图

在计算机中，图形的显示格式有两种：矢量图和位图。矢量图使用一组线段、色块或其他造型来描述一幅图像，图像中包含的直线、曲线和造型的数量与形状是由指令描述的。矢量图的特点就是将矢量图放大不会出现失真现象。位图是将一幅图像划分为许多栅格，格中的每个点就是图像的一个像素，其值用像素的亮度和色彩值表示。栅格越密，图像的质量越好。位图格式的图像比较适合层次、色彩比较丰富的图像，放大位图时会出现失真现象。Flash 软件采用的是矢量图方式。

2. Flash 绘图工具箱

Flash 绘图工具箱一般固定在窗口左侧，工具箱通常分为绘图工具区、视图区、颜色区、选项区 4 个部分，如图 2-18 所示。可通过选择"窗口"→"工具"菜单命令控制工具箱的显示与隐藏。

绘图工具区：放置了绘图与选取的主要工具。

视图区：包括控制视图移动的手掌工具和控制视图缩放的放大镜工具。

颜色区：包括笔触颜色工具和填充颜色工具。

选项区：不同工具的选项设置。

3. 矩形工具

使用矩形工具不但可以绘制矩形，还可以绘制圆角矩形，具体操作方法是：双击矩形工具，打开如图 2-19 所示的"矩形设置"对话框，在"边角半径"文本框中输入圆角矩形的半径，范围是 0～999 的任何数值，设置的值越大，圆角效果越明显。设置为 0 时，绘制的是标准矩形；

图 2-18 工具箱

设置为 999 时,绘制的就是圆形。

4. 椭圆工具

椭圆工具是图形图像处理软件中常见的工具,利用椭圆工具可以绘制各种形状的椭圆。如果在用椭圆工具绘图的过程中按住 Shift 键不放,即可绘制出正圆。

5. 任意变形工具

任意变形工具的变化形式非常丰富。当鼠标指针位于控制点以外的地方时,按住鼠标左键并拖动可以整体挪动图形位置;按住正方形四个边的中点并拖动,可以单向缩放图形;鼠标指针位于正方形四个顶点处,显示为斜向双箭头时,可以在两个方向上同时拉伸或缩放图形;鼠标指针位于正方形四条边线附近,显示为双向剪切的箭头时,按住鼠标左键并拖动可以使图形发生剪切变形;当鼠标指针位于方框外边的四个顶点附近时,会显示旋转的箭头形状,按住鼠标左键拖动可以使图形绕着中心的白色小圆圈旋转。

6. 填充颜色和笔触颜色

颜色区包括用于设置笔触颜色和填充颜色的工具按钮。笔触颜色按钮用于设置绘图时线条的颜色,填充颜色按钮设置绘图时填充区域的颜色。

7. 柔化填充边缘命令

"柔化填充边缘"功能可以扩展填充形状并模糊形状边缘。该命令的使用方法是执行"修改"→"形状"→"柔化填充边缘"菜单命令,打开"柔化填充边缘"对话框,其中"距离"用于控制柔边的宽度。"步骤数"用于控制柔边效果的曲线数。使用的步骤数越多,效果就越平滑。增加步骤数还会使文件变大并降低绘画速度。"扩展"或"插入"用于控制柔化边缘时形状是放大还是缩小。

图 2-19　"矩形设置"对话框

任务 3　绘制一棵小树

本任务通过绘制一棵树重点学习线条、刷子工具的使用方法,并学习利用选择工具进行选择、移动和复制的图形编辑方法,最终完成效果图如图 2-20 所示。

图 2-20　效果图

（1）新建文档，设置舞台大小为 400×300px，背景色为白色。

（2）选择直线工具，在属性面板中将笔触颜色设置为黑色，按住 Shift 键在舞台上面画一条垂直直线，如图 2-21 所示。

（3）取消直线的选中状态，用工具箱中的选择工具将它拉成曲线，如图 2-22 所示。

（4）再用直线工具绘制出一条直线，绘制时将"紧贴至对象"按钮按下，用这条直线连接曲线的两端点，如图 2-23 所示。

图 2-21　画直线　　　　图 2-22　将直线拉成曲线　　　　图 2-23　再绘制一条直线

（5）用选择工具将这条直线也拉成曲线，如图 2-24 所示。

（6）从工具箱中选择颜料桶工具，在属性面板中将填充颜色设置为绿色，将鼠标指针移至叶子内部并单击，为叶子着色，如图 2-25 所示。

图 2-24　将直线拉成曲线　　　图 2-25　为叶子着色　　　图 2-26　画叶脉

（7）用选择工具选中叶子周围的黑色线条，按 Delete 键将其删除。

（8）用直线工具在两端点之间再画一条直线，然后用选择工具拉成曲线，画出叶脉效果，如图 2-26 所示。

（9）用同样的方法绘制出其他的叶脉效果，如图 2-27 所示。

（10）用选择工具，按住鼠标左键从叶子左上角向右下角拖动，将整个叶子选中。然后选择"修改"→"组合"菜单命令，将整个叶子组合成一个对象。

（11）选中叶子，按住 Alt 键的同时按住鼠标左键拖动，复制出一个新的叶子，如图 2-28 所示。

（12）从工具箱中选择任意变形工具，按住 Shift 键同时用鼠标拖动变形框左上角顶点，四方向等比缩小叶子，如图 2-29 所示。

图 2-27　绘制其他叶脉

（13）调整旋转中心至叶子的中下部，将鼠标指针放在任一顶点上进行旋转，如图 2-30 所示。

图 2-28　复制叶子

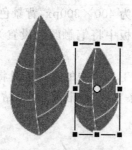

图 2-29　将叶子缩小

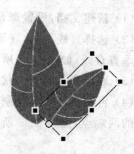

图 2-30　旋转叶子

（14）用同样的方法复制、缩放、旋转制作其他两个叶子，如图 2-31 所示。

（15）选择工具箱中的选择工具，用鼠标框选的方法选中所有叶子并组合，然后调整大小。

（16）单击刷子工具，选择刷子形状为圆形，大小自定，选择刷子模式为绘画模式，移动鼠标指针到场景中。画出树枝形状，效果如图 2-32 所示。

图 2-31　制作其他叶子

图 2-32　画树枝

（17）将叶子对象进行复制，并适当调整大小和旋转，制作最终效果。

（18）保存文件"绘制一棵树.fla"并测试。

1. 选择对象

在对对象进行编辑修改前，必须先选中对象。Flash 提供了多种选择对象的工具，最常用的就是选择工具 ▶。利用选择工具可以选择轮廓线、填充部分，还可以在对象内部双击以同时选中轮廓和填充部分。如果想同时选择多个不同的对象，可以用按住鼠标左键不放拖动矩形线框的方法来选择，也可以按住 Shift 键，然后单击需要增加的对象。

2. 移动对象

首先将对象选中，然后再次将鼠标指针指向被选对象，此时指针会变成鼠标移动的形状，这样就可以按住鼠标左键拖动对象。

3．复制对象

选中一个或多个对象，然后选择"编辑"→"复制"菜单命令即可复制选中的对象，最后在指定的地方选择"编辑"→"粘贴"菜单命令即可将所选对象进行粘贴。

4．刷子工具

刷子工具可以随意绘制出形状多变的矢量图形。单击刷子工具后工具箱选项区变成如图 2-33 所示样式。 ● ▪ 按钮用于设置画笔的大小，刷子形状按钮 ● ▪ 用于设置画笔的形状，单击刷子模式按钮 将弹出下拉菜单，在此菜单中可以选择一种擦除模式，其中各功能介绍如下。

标准绘图：在这种模式下，新绘制的图形覆盖同一层中原有的图形，但不会影响文本对象和引入的对象。

颜料填充：在这种模式下，只能在空白区和已有矢量色块的填充区域内绘图，并且不会影响矢量线的颜色。

后面绘图：在这种模式下，只能在空白区域内绘图，不会影响原有的图形，只是从原有图形的背后穿过。

图 2-33 刷子工具

颜料选择：在这种模式下，只能在选择区域内绘图，也就是说必须选择一个区域，然后才能在被选区域中绘图，而不会影响矢量线和未填充的区域。

内部绘图：在这种模式下可分为两种情况，一种情况是画笔起点位于图形之外的空白区域，在经过图形时从其背后穿过，另一种情况是画笔起点位于图形的内部，只能在图形的内部绘制。

任务4　绘制圣诞帽

本任务通过绘制圣诞帽，学习墨水瓶工具的使用方法和边缘属性的设置。该工具用来改变对象的边线类型，包括粗细、线条类型和笔触颜色，最终效果图如图 2-34 所示。

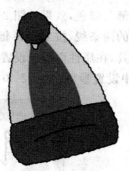

图 2-34　效果图

（1）新建文档，设置舞台大小为 $400 \times 400 \mathrm{px}$，背景色为白色。

（2）使用矩形工具在舞台上绘制一个无填充的矩形。

（3）取消矩形的选中状态，用选择工具调整矩形形状，如图 2-35 所示。

（4）选择椭圆工具，设置填充色为无，笔触颜色为黑色，按住 Shift 键在舞台上绘制一个圆形，如图 2-36 所示。

图 2-35　调整矩形　　　　　　　　图 2-36　画圆

（5）选择直线工具，按下"贴紧至对象"按钮，添加线条，形成圣诞帽的外形，并用选择工具进行调整，如图 2-37 所示。

（6）用同样的方法在帽子内部添加线条并进行调整，效果如图 2-38 所示。

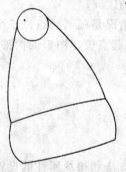

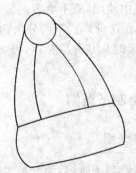

图 2-37　绘制帽子外形　　　　　　　图 2-38　添加帽子内部线条

（7）用颜料桶工具为帽子的各部分着色，效果如图 2-39 所示。

（8）用选择工具选中帽子中间的两条线，按 Delete 键将其删除。

（9）从工具箱中选择墨水瓶工具，在属性面板中设置笔触颜色为黑色，笔触高度为 2，单击"自定义"，在"笔触样式"对话框中设置参数，如图 2-40 所示。

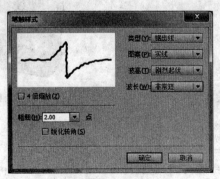

图 2-39　为帽子着色　　　　　　　图 2-40　"笔触样式"对话框

（10）将鼠标指针移至帽子边缘线上并单击，得到最后的效果图。

（11）保存文件并测试。

任务5 制作珍珠心

本任务通过制作珍珠心，重点学习渐变色的设置方法及用填充变形工具对渐变色修改的方法，最终效果如图2-41所示。

图2-41 效果图

（1）新建文档，设置舞台大小为400×300px，背景色为蓝色。

（2）用直线工具绘制一条竖线，并用选择工具将其调整为曲线，效果如图2-42所示。

（3）选择部分选取工具 ，单击曲线端点，端点上会出现调节手柄，上下左右移动手柄，将该曲线调整为如图2-43所示形状。

（4）选中该曲线，选择"编辑"→"复制"菜单命令，然后再执行"编辑"→"粘贴"菜单命令。选中粘贴得到的曲线，选择"修改"→"变形"→"水平翻转"菜单命令，将两条曲线拖放并连接好，成为一个心形，如图2-44所示。

图2-42 绘制曲线　　图2-43 调整曲线　　图2-44 心形

（5）使用椭圆工具画一个无填充的正圆，打开混色器，填充样式设为径向渐变，左边色块设置为灰色（♯A09696），并稍向右移，右边色块设为黄色（♯F5F0D8），如图 2-45 所示。

（6）使用颜料桶工具在靠圆心左上的位置单击，或者在任意位置单击，再使用填充变形工具进行调整，如图 2-46 所示。

图 2-45　设置渐变颜色

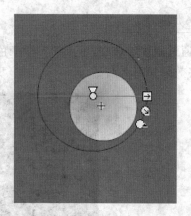

图 2-46　给珍珠着色

（7）使用选择工具选中珍珠周围的线条，按 Delete 键将其删除。

（8）选中并复制该圆形，然后选择"编辑"→"粘贴到当前位置"菜单命令，将填充色改为如图 2-47 所示设置，样式为放射状，左边色块为白色，右边色块为浅黄色（♯F4F1CC），Alpha 值为 0%。

（9）用任意变形工具将珍珠缩小，并放到如图 2-48 所示位置。

图 2-47　设置渐变色

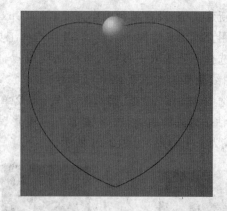

图 2-48　缩小并调整位置

（10）选中并复制多个珍珠，将其按心形样式摆放，最后做出如图 2-41 所示的效果图。

（11）保存并测试。

1. 墨水瓶工具

在工具箱中墨水瓶工具对应的图标是 ，墨水瓶工具不仅可以为已有的边框线改变颜色、线宽、线型等属性,还能为没有边框的矢量图添加边框线。

2. 渐变色的填充及修改

渐变色的填充是由颜料桶工具来实现的,选择填充色时,颜色面板中有一些特殊的样色色块,在颜色面板的最下边一排,通过选择相应的色块再配合使用"混色器"面板即可完成线性或放射状渐变填充。填充变形工具可以对已经填充的渐变色进行填充范围、角度等相关的调整。

拓展任务 绘制竹子

利用矩形工具、任意变形工具、填充变形工具绘制竹子,效果如图 2-49 所示。要求设置舞台大小为 500×400px,背景色为黄色。

(1) 新建文档,设置舞台大小为 500×400px,背景色为黄色,其余默认值。

(2) 绘制竹身及竹节,如图 2-50 所示。

图 2-49 效果图

图 2-50 绘制竹身及竹节

(3) 将竹身及竹节多次复制。

(4) 用直线工具和选择工具绘制竹叶,如图 2-51 所示。

(5) 将竹叶复制并用任意变形工具调整大小和角度,形成一组竹叶,然后组合,效果如图 2-52 所示。

图 2-51 绘制竹叶

图 2-52 组合竹叶

（6）复制多组竹叶放置在竹子的合适位置。

（7）保存并测试。

 **项目 2 小结**

本项目通过实例介绍了 Flash CS6 中的一些基本绘图工具的使用方法，主要包括选择、直线、椭圆、多角星形、矩形、铅笔、任意变形、填充变形和颜料桶等工具。这些工具也是制作 Flash 动画中常用到的基本工具，掌握它们对于以后制作精美图片必不可少。

实战训练　绘制卡通人物

 **操作要求**

灵活运用各种技巧绘制卡通人物造型，初步接触尝试使用图层方法绘制该文档，最终效果图如图 2-53 所示。

图 2-53　效果图

项目 3

动画的制作

动画分为运动动画、形变动画和逐帧动画 3 种。通过相应的项目任务，分别学习 3 种动画的制作过程，掌握动画的制作原理。

◇ 学会制作运动动画、形变动画、逐帧动画。
◇ 了解并掌握时间轴和帧的概念及基本操作。

项目任务　运动动画的制作

任务 1　制作小球滚动的效果

本任务通过制作一个小球从右向左滚动的效果，讲解运动动画的基本制作原理，最终完成效果图如图 3-1 所示。

图 3-1　效果图

（1）新建文档，设置舞台大小为 400×200px，背景色为黑色。
（2）使用椭圆工具，打开属性面板，设置笔触颜色为无，填充颜色为红色，在舞台右侧按

住 Shift 键绘制一个正圆,效果如图 3-2 所示。

(3) 使用工具箱中的墨水瓶工具,属性面板笔触颜色设置为红色,笔触高度设置为 3,笔触样式为斑马线,单击舞台上的小圆为其添加如图 3-3 所示的边线效果。

图 3-2 绘制小圆   图 3-3 为小圆添加边线效果

(4) 使用选择工具选中舞台上的小圆,在圆上右击打开快捷菜单,执行"转换为元件"菜单命令,在出现的"转换为元件"对话框中将类型设置为"图形",然后单击"确定"按钮,此时小圆的状态如图 3-4 所示。

(5) 选中时间轴的第 40 帧,按 F6 键插入关键帧,使用选择工具将"圆"实例移至舞台的左侧,如图 3-5 所示。

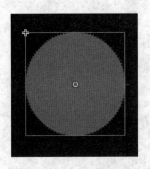 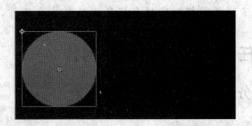

图 3-4 将小圆转换为元件   图 3-5 插入关键帧并移动小圆

(6) 在时间轴的第 1 帧右击,选择"创建补间动画"菜单命令。打开属性面板,在"旋转"下拉列表中选择"顺时针"并将次数设置为 1,此时的时间轴如图 3-6 所示。

图 3-6 时间轴效果

(7) 保存文件并测试影片。

任务 2 模拟投篮效果

本任务通过制作一个小球的跳动来模拟投篮效果,重点讲解运动动画补间属性面板中

"缓动"和"旋转"两个参数的设置,最终完成效果图如图3-7所示。

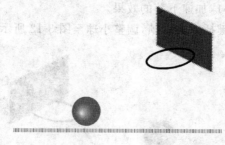

图3-7　效果图

（1）新建文档,设置舞台大小为550×400px,背景色为白色。

（2）双击时间轴上的"图层1"将其重命名为"背景",利用直线、椭圆、墨水瓶等工具绘制如图3-8所示的背景图形。

（3）选中"背景"层的第65帧,按F5键插入帧将背景图形延续,单击时间轴上的▣按钮,将"背景"层上锁。

（4）新建"图层2",将其重命名为"移动",在"移动"层的第1帧绘制如图3-9所示的小球。

图3-8　背景

图3-9　小球

（5）将第1帧的小球调至如图3-10所示位置,选中第5帧按F6键插入关键帧,调整第5帧的小球如图3-11所示位置。

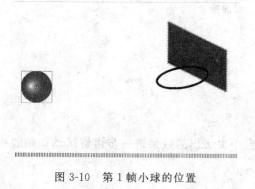

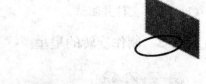

图3-10　第1帧小球的位置

图3-11　第5帧小球的位置

（6）在时间轴的第 1 帧右击，选择"创建补间动画"菜单命令。打开属性面板，在"缓动"文本框中输入－20，实现小球加速下落的效果。

（7）在第 15 帧按 F6 键插入关键帧，调整小球至图 3-12 所示位置。

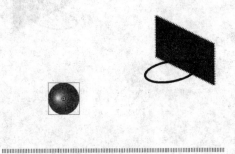

图 3-12　第 15 帧小球的位置

（8）在第 5～15 帧创建补间动画，并在属性面板中设置"旋转"为"顺时针 1 次"，在"缓动"文本框中输入 20，实现小球减速上升的效果。

（9）同理，在第 25、45、65 帧分别插入关键帧，调整各关键帧上小球的位置如图 3-13 所示，在各段上设置补间动画并根据需要正确设置"缓动""旋转"两个参数。

(a) 第25帧小球位置　　　　　(b) 第45帧小球位置　　　　　(b) 第65帧小球位置

图 3-13　各关键帧小球的位置

（10）任务完成后时间轴效果如图 3-14 所示。

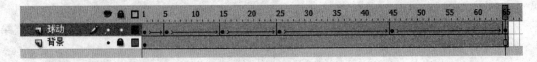

图 3-14　时间轴

（11）保存文件并测试。

任务 3　制作旋转的星星

本任务通过制作一颗星星由小变大从舞台中央飞出的效果进一步讲解运动动画的相关操作，效果图如图 3-15 所示。

图 3-15 效果图

（1）新建文档，设置舞台大小为 $200×200px$，背景色为黑色。

（2）选择工具箱中的多角星形工具，在属性面板中设置笔触颜色为无，填充颜色为黄色，并单击"选项"按钮，在出现的"工具设置"对话框中设置"样式"为星形，单击"确定"按钮关闭对话框，在舞台上绘制出一颗黄色星星，效果如图 3-16 所示。

（3）使用选择工具选中舞台上的星星，在星星上右击，在弹出的快捷菜单中选择"转换为元件"菜单命令，在打开的对话框中将类型设置为"图形"，然后单击"确定"按钮。

（4）选中时间轴的第 40 帧，按 F6 键插入关键帧，使用任意变形工具将星星适当放大，效果如图 3-17 所示。

图 3-16 绘制星星

图 3-17 插入关键帧放大星星

（5）在时间轴的第 1 帧右击，在弹出的快捷菜单中选择"创意补间动画"菜单命令。打开属性面板，在"旋转"下拉列表中选择"顺时针"并将次数设置为 1，此时测试影片可以看到星星由小变大并旋转飞出的效果。

（6）保存文件并测试影片。

任务4 制作繁星闪烁效果

本任务通过制作繁星闪烁效果进一步学习运动动画的制作技巧，掌握利用 Alpha 值改

变对象透明度的方法,任务最终效果图如图 3-18 所示。

图 3-18 效果图

（1）新建文档,设置舞台大小为 550×400px,背景色为灰色(♯999999)。

（2）在"图层 1"的第 1 帧利用椭圆、矩形等工具绘制如图 3-19 所示图形,并将其适当缩小。

（3）使用选择工具选中整个星星,在星星上右击,从弹出的菜单中选择"转换为元件"菜单命令,在出现的对话框中设置元件类型为图形,元件名称默认,单击"确定"按钮,将绘制的星星转换为图形元件。这时打开库面板,可以看到里面有了"元件 1"的图形元件。

（4）在"图层 1"的第 20、40 帧分别按 F6 键插入关键帧,使用任意变形工具将第 20 帧的星星适当缩小并顺时针旋转一定的角度。打开属性面板,从"颜色"下拉列表中选择 Alpha,并将其值设置为 20%。

图 3-19 绘制星星

（5）在第 1～20 帧、第 20～40 帧分别创建补间动画以实现一颗星星闪烁效果。

（6）再新建几个图层,用同样的方法制作其他星星的闪烁效果,时间轴效果如图 3-20所示。

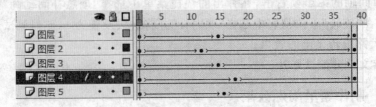

图 3-20 时间轴效果

（7）保存文件并测试。

知识解析

运动动画是 Flash 中补间动画的一种类型。运动动画可使对象位置发生变化、尺寸大小发生变化和产生平面旋转等效果,运动动画是针对某一图层上的单一对象而言的,只有这些对象才能产生运动,分离的图形不能制作运动动画,除非将它们转换成元件。另外运动动画只对单一的对象有效,如果想让多个对象一起动起来,必须将它们分别放在不同的图层上,并分别制作运动动画。属性面板中运动动画的各个选项的设置介绍如下。

(1) 缩放:选中此复选框,设置对象在运动时可按比例进行缩放。

(2) 缓动:将滑块拖到下边,表示对象在开始时速度慢,所做的运动由慢到快,是一个加速过程;将滑块拖到上边,则表示对象在结尾处减速,对象由快到慢减速,对象所做的运动是一个减速过程。默认状态为 0,且滑块位于滚动条的中间位置,表示对象做匀速运动。

(3) 旋转:用此下拉列表可以设置对象的旋转运动。该下拉列表中列出了几种不同的旋转方式。

(4) 使路径适应:选中此复选框,可设置对象沿路径运动,并随路径方向改变角度。

(5) 同步:选中此复选框,可使图片实例在主场景中循环播放时首尾连贯。

(6) 吸附:选中此复选框,可设置在对象沿路径运动时自动捕捉路径。

项目任务　形变动画的制作

任务5　制作人变字动画

任务介绍

本任务通过绘制一个简单的人变字实例,学习变形动画的基本制作过程,实例效果如图 3-21 所示。

图 3-21　效果图

操作步骤

(1) 新建文档,设置舞台大小为 300×300px,背景色为白色。

(2) 选中时间轴的第 1 帧,用笔刷工具在舞台中央绘制如图 3-22 所示的图形。

（3）选中时间轴的第 40 帧，按 F7 键插入空白关键帧，选择文本工具，设置字体为"隶书"，字号为 150，在舞台中央输入"人"字，效果如图 3-23 所示。

图 3-22　绘制人物形状　　　　　　　　　　　图 3-23　输入"人"字

（4）分别选中第 1 帧和第 40 帧两个关键帧，按 Ctrl＋B 组合键将图形和文字分离，选中时间轴的第 1 帧，右击，选择快捷菜单中的"创建补间形状"命令。

（5）此时通过拖动播放头可以看到人物图形以 Flash 默认的方式逐渐变为人字，如图 3-24 所示。

（6）选中时间轴的第 1 帧，然后选择"修改"→"形状"→"添加形状提示"菜单命令，为形变动画添加提示点，此时舞台的人物图形中间多出一个字母 a，如图 3-25 所示。

（7）单击字母 a 并将其拖动到人物的头上，如图 3-26 所示。

图 3-24　形变动画中间效果　　　图 3-25　添加形状提示　　　图 3-26　改变形状提示位置

（8）选择时间轴的第 40 帧，可以看到"人"字的中央也多出了一个字母 a，单击 a 将其移动到如图 3-27 所示位置。

（9）用同样的方法设置另外两个提示点，如图 3-28 所示。

图 3-27　改变人字上的形状补间位置　　　　　图 3-28　添加其他形状提示

（10）此时拖动播放头，发现原来的形变动画已经发生了变化，设置的 3 个提示点在渐变前后一一对应。

（11）保存文件并测试影片。

任务6 制作变化的 ABCD 效果

本任务通过制作变化的 ABCD 效果，重点学习文字进行形变动画的设置方法，任务效果如图 3-29 所示。

图 3-29 效果图

（1）新建文档，设置舞台大小为 300×300px，背景色为黑色。

（2）双击图层 1，将其重命名为"圆形旋转"，在第 1 帧用椭圆工具和墨水瓶工具绘制一个如图 3-30 所示的圆形。

（3）使用选择工具选中舞台上的圆形，在圆上右击，在弹出的快捷菜单中选择"转换为元件"，在对话框中将类型设置为"圆形"，然后单击"确定"按钮。

（4）选中第 40 帧，按 F6 键插入关键帧。在第 1 帧上右击，从弹出的快捷菜单中选择"创建补间形状"命令。打开属性面板，将"旋转"选项设置为顺时针 1 次，上锁"圆形旋转"图层。

（5）新建图层，将其命名为"字母变形"，在第 10、20、40 帧分别按 F6 键插入关键帧，在第 1 帧用文本工具在圆环内输入 A，在第 10 帧输入 B，在第 20 帧输入 C，在第 40 帧输入 D。

图 3-30 绘制圆

（6）分别选中第 1 帧和第 10 帧，按 Ctrl＋B 组合键将文字分离。右击时间轴，在快捷菜单中选择"创建补间形状"命令，用同样的方法创建 B 到 C，C 到 D 的变化。

（7）保存并测试。

任务 7　制作图形变换效果

本任务制作图形变换效果，5 个圆逐渐变为 5 朵莲花向下飘落，任务效果如图 3-31 所示。

图 3-31　效果图

（1）新建文档，设置舞台大小为 550×400px，背景色为黑色。

（2）图层 1 重命名为"红"，新建 4 个图层，分别为"黄""蓝""深蓝""绿"。在图层"红"中绘制一个边框为红色、3 磅、填充白色的正圆。然后复制该圆到其他图层中，边线的颜色分别设置为该图层名称所对应的颜色，如图 3-32 所示。

图 3-32　第 1 帧的图形

（3）在 5 个图层的第 30 帧按 F6 键插入关键帧，将各自图形变形，修改为图 3-33 所示形状，再进行颜色填充，填充为边框色。

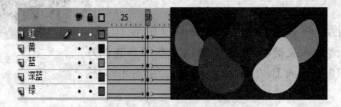

图 3-33　第 30 帧图形

（4）分别在 5 个图层第 50 帧插入关键帧，修改为图 3-34 所示形状。

（5）分别在 5 个图层第 70 帧插入关键帧，修改为图 3-35 所示形状。

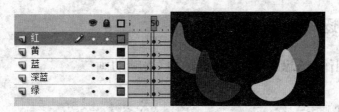

图 3-34　第 50 帧形状

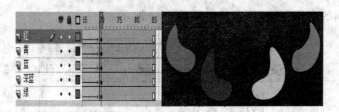

图 3-35　第 70 帧形状

（6）在第 85 帧按 F5 键，延长图形显示时间。

（7）保存并测试。

1．形变动画概念

（1）形变动画使一个分离的图形随着时间改变而变成另一个形状，创建类似于形变效果，形变动画可以设置形状的位置、大小和颜色。与运动动画不同的是，形变动画的对象是分离后的矢量图，可以是同一图层上的多个图形，也可以是单个图形。但一般来说，要让多个对象同时变形，把它们放在不同的图层上分别变形比放在同一图层上进行变形得到的效果好得多。如果实例、组合、文本块或位图想要进行形变动画，必须先选择"修改"→"分离"菜单命令，使之变成分离的矢量图，然后才能进行变形。

（2）设置形变动画的开始帧和结束帧。选择一帧作为开始帧，将该帧转换为关键帧，设置该关键帧的内容（必须为分离的基本形状），选择一帧作为结束帧，然后按 F7 键插入空白关键帧，编辑结束帧的内容。

创建形状补间动画。右击起始帧或时间轴空白处，快捷菜单中选择"创建补间形状"。

2．编辑形变动画控制点

为了制作更生动的形状渐变动画，可以添加变形控制点来控制变形的方式。

（1）添加变形控制点。选中图形，选择"修改"→"形状"→"添加形状提示"菜单命令，添加变形控制点。

（2）编辑变形控制点。拖动变形控制点可以移动该控制点。将变形控制点拖出舞台，将删除该控制点。执行"修改"→"形状"→"删除所有提示"菜单命令，将删除所有变形控制点。

项目任务　逐帧动画的制作

任务 8　制作"畅想 2012 巴西奥运会"逐帧动画

本任务通过制作"畅想 2012 巴西奥运会"几个字逐一出现效果,讲解逐帧动画的制作原理,学习逐帧动画的制作方法,任务效果如图 3-36 所示。

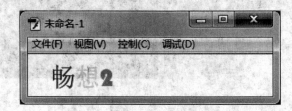

图 3-36　效果图

（1）新建文档,设置舞台大小为 300×50px,背景色为白色。

（2）将图层 1 设置为当前图层,分别选中第 1 帧和第 2 帧,按 F7 键插入空白关键帧,在第 2 帧用文本工具输入"畅"字,字体、字号、文字颜色自定,如图 3-37 所示。

（3）选中第 3 帧,按 F6 键插入关键帧,选择文本工具双击"畅"字,在"畅"字的后面加入"想"字,更改"想"字的颜色,如图 3-38 所示。

图 3-37　在第 2 帧输入"畅"字

图 3-38　在第 3 帧输入"想"字

（4）分别选中第 4～12 帧,在"畅想"后面依次添加"2012 巴西奥运会",每帧一个字。

（5）保存文件并测试。

任务 9　制作可爱的家

本任务通过制作可爱的家进一步学习逐帧动画的制作,任务效果如图 3-39 所示。

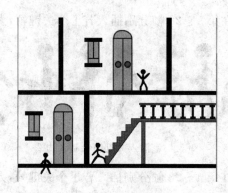

图 3-39　效果图

（1）新建文档，设置舞台大小为 550×400px，背景色为白色。

（2）双击图层 1，将其重命名为"家"，在"家"图层的第 1 帧用绘图工具绘制"可爱的家"画面，效果如图 3-40 所示。

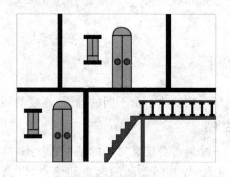

图 3-40　绘制可爱的家

（3）选中"家"图层的第 28 帧，按 F5 键插入普通帧，如图 3-41 所示。

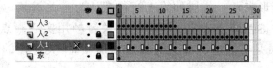

图 3-41　时间轴

（4）新建"人 1"图层，在第 1～28 帧分别插入若干个关键帧，人物动作如图 3-42 所示。

图 3-42　插入关键帧绘制人物 1

（5）新建"人 2"图层，在第 1~28 帧分别插入若干个关键帧，人物动作如图 3-43 所示。

图 3-43　插入关键帧绘制人物 2

（6）新建"人 3"图层，在第 1~28 帧分别插入若干个关键帧，人物动作如图 3-44 所示。

图 3-44　插入关键帧绘制人物 3

（7）保存文件并测试。

1．逐帧动画概念

在逐帧动画中，需要在每一帧创建一个不同的画面，连续的帧组合成连续变化的画面。

2．认识 Flash 中常见的帧

制作动画过程中，在某一时刻需要定义对象的某种新状态，这个时刻所对应的帧称为关键帧。关键帧是变化的关键点，如补间动画的起点和终点，以及逐帧动画的每一帧，都是关键帧。关键帧数目越多，文件体积就越大，所以同样内容的动画，逐帧动画的体积较渐变动画的大得多。实心圆点是有内容的关键帧，即实关键帧；而无内容的关键帧，即空关键帧，则用一个大的矩形表示。每层的第 1 帧被默认为空关键帧，可以在上面创建内容，一旦创建了内容，空关键帧即变成实关键帧。实关键帧用实心圆点表示；空关键帧用大的矩形表示；其余区域是普通帧。在关键帧后添加帧时，关键帧的内容仍会保留在新添的帧中。

3．时间轴中的动画表示方式

Flash 会按照如表 3-1 所示的方式区分时间轴上的逐帧动画和补间动画。

表 3-1　时间轴图示说明

图　示	说　明
●——————●	运动动画用起始关键帧的一个黑色圆点指示，中间的补间帧有一个浅蓝背景色的黑色箭头
●——————●	形变动画用起始关键帧的一个黑色圆点指示，中间的补间帧有一个浅绿背景色的黑色箭头

续表

图 示	说 明
	虚线表示补间为断的或不完整的,例如,在最后的关键帧已丢失时
	单个关键帧用一个黑色圆点表示。单个关键帧后面的浅灰色帧包含无变化的相同内容,并带有一条黑线,而在整个范围的最后一帧还有一个空心矩形

拓展任务 制作会动的时钟

一个精致会动的时钟,如果正确设置文档属性,这个时钟可以和系统时间一样准,项目效果如图 3-45 所示。

图 3-45 效果图

任务介绍

本任务通过制作"会动的时钟"复习巩固运动动画的制作方法,并通过绘制参考线图层内容掌握一些绘图技巧。

操作提示

(1)新建文档,设置舞台大小为 550×400px,背景色为蓝色,建立如图 3-46 所示的 3 个图层。

图 3-46 时间轴

(2)在图层"参考线"中,利用椭圆、直线工具绘制圆和圆中心的一条竖线,双击选中竖线后进行复制,并选择"修改"→"变形"→"缩放和旋转"菜单命令,旋转角度设置为30,将所复制的直线进行旋转。用同样的方法绘制如图 3-47 所示的其他直线。

（3）在图层"钟点"中，在第 1 帧借助"参考线"图层，绘制如图 3-48 所示图形。

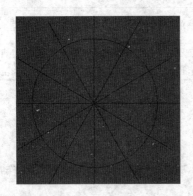 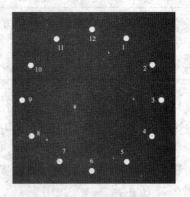

图 3-47　参考线　　　　　　　　　图 3-48　绘制钟点及数字

（4）选中"钟点"图层的第 60 帧，按 F5 键插入普通帧。

（5）在图层"指针"中，在第 1 帧绘制指针样式、位置（12 点）如图 3-49 所示。注意正确设置旋转中心。

（6）选中"指针"图层的第 5 帧，按 F6 键插入关键帧，使用任意变形工具旋转指针到图 3-50 所示位置（1 点）。

图 3-49　绘制指针　　　　　　　　　图 3-50　旋转指针

（7）在第 1～5 帧创建动画补间。

（8）同理，创建其他各段的动画补间。

（9）保存文件并测试。

本项目主要介绍 Flash 动画的基本制作原理和动画的制作方法，对于运动动画、形变动画、逐帧动画这 3 种重要的动画类型分别举了相应的实例。运动动画和形变动画都是通过设置首尾两个关键帧的不同属性，让 Flash 自动生成中间的"补间"来实现动画效果。它们的不同之处在于：运动动画指针针对的是整个对象的属性变化，如大小、位置、角度、透明度、亮度和颜色等；而形变动画针对的是打散的矢量图，侧重形状上的变化；对于逐帧动画，则需要对每一帧进行设置来实现精准的动画效果。

实战训练　制作"欢迎"球变文字效果

制作两个小球依次从上方落到线上，并沿线滚动后分别变成"欢""迎"两个字的动画效果，实例完成效果如图 3-51 所示。

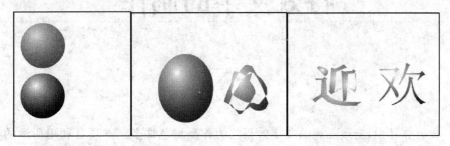

图 3-51　效果图

特效文字的制作

在 Flash 作品中,精致美观的文字效果能为作品增色许多。本项目利用所学的绘图工具制作一些文字特效,进一步熟练 Flash 中绘图工具的使用,初步认识简单的动画。

◇ 学习文本工具的使用,掌握该工具的属性设置。

◇ 学会设置墨水瓶工具的属性,用各种线型给文字描边。

◇ 进一步熟悉填充、变形等工具的使用。

◇ 初步认识动画、图层以及元件的知识。

项目任务 制作静态特效文字

任务 1 制作七彩字

文字配上像七色彩虹一样变换的色彩,一定显得非常耀眼。本任务通过"七彩字"的制作,初步学习文本工具的使用方法,并再次复习线性渐变填充的设置方法,最终效果如图 4-1 所示。

图 4-1 效果图

(1) 新建文档,设置舞台大小为 400×100px,背景色为白色。

（2）选择工具箱中的文本工具，在属性面板中设置字体为"隶书"，大小为90，加粗，颜色随意，在舞台中间输入"七彩字"，按两次 Ctrl＋B 组合键将其分离（打散）为矢量图，如图 4-2 所示。

图 4-2　输入文字并打散

（3）选择工具箱中的颜料桶工具，在混色器面板中设置填充类型为"线性"，填充颜色选择其中的彩虹七色。使用选择工具，按住鼠标左键从左上角向右下角拖动，选择舞台上所有文字，然后选择颜料桶工具，按住鼠标左键从"七"的左上角到"字"的右下角拖动出一条填充线，得到的最后填充效果，如图 4-1 所示。

（4）保存文件并测试。

任务2　制作空心字

本任务通过"空心字"的制作，学习墨水瓶工具的使用及线型的设置方法，本任务的最终效果图如图 4-3 所示。

图 4-3　效果图

（1）新建文档，设置舞台大小为 400×100px，背景色为白色。

（2）选择工具箱中的文本工具，在属性面板中设置字体为"隶书"，大小为90，加粗，颜色随意，在舞台中间输入"空心字"，按两次 Ctrl＋B 组合键将其分离为矢量图，如图 4-4 所示。

图 4-4　输入文字并打散

（3）选择工具箱中的墨水瓶工具，在属性面板中设置笔触颜色为蓝色，高度为3。单击属性面板中的"自定义"按钮，打开"笔触样式"对话框，在"类型"下拉列表中选择"实线"。回到舞台，用设置好的墨水瓶工具单击舞台上的文字，为文字添加边框，效果如图 4-5 所示。

图 4-5 给文字描边

（4）使用选择工具将文字中间的填充部分选中，按 Delete 键将其删除，得到最后的效果如图 4-3 所示。

（5）保存文件并测试。

任务 3　制作发光字

本任务通过发光字的制作，重点学习将线条转换为填充和柔化填充边缘两个命令，效果如图 4-6 所示。

图 4-6 效果图

操作步骤

（1）新建文档，设置舞台大小为 400×100px，背景色为深蓝色。

（2）选择工具箱中的文本工具，在属性面板中设置字体为"方正舒体"，大小为 90，加粗，颜色随意，在舞台中间输入 ABC，按两次 Ctrl＋B 组合键将其分离为矢量图，如图 4-7 所示。

图 4-7 输入文字并打散

（3）选择工具箱中的墨水瓶工具，在属性面板中设置笔触颜色为黄色，高度为 3，样式为"实线"，然后单击舞台上的文字，为文字添加实线的边框，效果如图 4-8 所示。

图 4-8 为文字添加边框

（4）使用选择工具选择文字的填充部分,然后按 Delete 键将其删除。

（5）选择工具箱中的选择工具,在舞台上按住鼠标左键并拖动将所有文字选中,然后选择"修改"→"形状"→"将线条转换为填充"菜单命令。保持文字的全选状态,再选择"修改"→"形状"→"柔化填充边缘"菜单命令,在弹出的"柔化填充边缘"对话框中设置"距离"为 6px,"步长数"为 10,在方向选择栏中选择"扩展"单选项,然后单击"确定"按钮,最后制作出文字的发光效果。

（6）保存文件"制作发光字. fla"并测试。

任务 4　制作阴影字

本任务通过阴影字的制作,进一步熟练掌握文本工具的使用,同时初步接触图层的概念,本任务的效果图如图 4-9 所示。

图 4-9　效果图

（1）新建文档,设置舞台大小为 400×150px,背景色为白色。

（2）选择工具箱中的文本工具,在属性面板中设置字体为"隶书",大小为 90,加粗,颜色为黑色,在舞台中间输入"阴影字",如图 4-10 所示。

图 4-10　输入文字

（3）选中文字,按 Ctrl＋C 组合键将其复制。单击时间轴上的"插入图层"按钮 📄 ,新建图层 2,按 Ctrl＋Shift＋V 组合键将选中的文字内容粘贴至图层 2 中。

（4）选中图层 2 中的文字,在属性面板中将文字颜色调整为红色,这时舞台效果如图 4-11 所示。

图 4-11　改变文字颜色

（5）回到图层 1,用选择工具选中图层 1 中的文字,并向右下方移动一小段距离,移动的距离不要太大,产生阴影效果即可,如图 4-12 所示。

图 4-12　移动后产生阴影

（6）保存文件并测试。

知 识 解 析

Flash CS6 中使用文本工具 **T** 输入文字,使用文本工具输入的文字并不是矢量图,所以无法进行填充颜色、添加边框等操作,而且也不能进行形状补间动画的操作,所以在对文字进行上述操作前首先要把文字转化为矢量图,即将文字分离,具体操作方法介绍如下。

（1）使用选择工具选中文字,选择"修改"→"分离"菜单命令（或按 Ctrl＋B 组合键）,原来的单个文本框会被拆成多个文本框,每个字占一个文本框,此时可以使用文本工具单独编辑每个字。

（2）再次选择"修改"→"分离"菜单命令（或按 Ctrl＋B 组合键）,此时所有的文字将会转化为矢量图,这时文字就会变成图片,就不能再用文本工具进行修改了,但可以用处理图片的方法对此时的文字进行各种操作。

项目任务　制作动态特效文字

任务5　制作电影文字

任 务 介 绍

在带有边框线的字母 ABC 中间滚动显示多张图片。该动画遮罩层为字母,图片层为移动的图片,效果如图 4-13 所示。

图 4-13　效果图

操 作 步 骤

（1）新建文档,设置舞台大小为 400×200px,背景色为蓝色。

（2）导入图片。将 4 张图片导入元件库中,锁定高度和宽度的比例,将图片的高度调整为 200px。

（3）创建"图片组"图形元件。选择"插入"→"新建元件"菜单命令，类型选择"图形"，进入图形元件编辑状态，将图片并排放好，如图4-14所示。

图4-14　图片组成的图形元件

（4）单击"返回"按钮，返回场景1，制作电影文字，时间轴设置如图4-15所示。

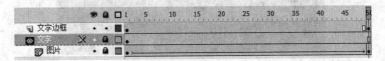

图4-15　场景1时间轴

① "图片"层：将图层1重命名为"图片"，将"图片组"图形元件拖至第1帧，让图片组左端位于字母A的位置；在第50帧向左移动图片组，使图片组的右端位于字母C的位置，并在第1～50帧创建补间动画。

② "文字"层：新建图层，并重命名为"文字"，选择文本工具，在第1帧设置字体和字号，颜色任意，在舞台中间输入ABC三个字母。

③ 设置遮罩动画。在"文字"层右击选择"遮罩层"菜单命令，图片即可从字母中显示出来。

④ "文字边框"层：新建图层，重命名为"文字边框"，复制"文字"层的第1帧，按Ctrl＋Shift＋V组合键，粘贴到该层第1帧相同的位置。将文字分离，设置边框线，红色、3磅，使用墨水瓶工具为文字添加边线，删除文字填充内容，隐藏其他图层，效果如图4-16所示。

图4-16　文字边框

（5）保存文件并测试。

任务6　制作风吹字

"北京您好"4个字从舞台上边依次飘落下来，然后稍微停顿，再依次飘走，效果如图4-17所示。

图 4-17　效果图

（1）新建文档，设置舞台大小为 $550 \times 400px$，背景色为深蓝色。

（2）将每个字创建为图形元件。选择"插入"→"新建元件"菜单命令，类型选择"图形"，进入图形元件编辑状态，设置字体、字号和颜色，可以为文字添加滤镜效果。

（3）返回场景1，建立"北"字的风吹效果，该层时间轴设置如图 4-18 所示。

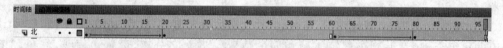

图 4-18　"北"图层时间轴

① 建立"北"字飘入舞台的效果。在第 1 帧将"北"图形元件拖至舞台上边缘之外，在第 20 帧插入关键帧，将"北"字移至舞台内，并将第 1 帧的实例 Alpha 值设置为 0％，在第 1～20 帧创建补间动画，并选择顺时针旋转 1 次。

② 稍微停留，在第 60 帧插入延长显示时间即可。

③ 建立"北"字飘走效果。同时选中第 1～20 帧，复制帧，在第 61 帧粘贴帧。将粘贴过来的帧同时选中，执行翻转帧命令，并选择逆时针旋转 1 次。在第 120 帧插入关键帧。

（4）场景中其余各层的制作。依据图 4-19 所示图层及时间轴的设置，完成其余各层的动画制作。

图 4-19　所有字的时间轴设置

（5）保存文件并测试。

任务7 制作闪动字

本任务运用遮罩和文字不透明设置。在淡蓝色的 WELCOME TO BEIJING 字样上面,有一道白光不停地从左向右扫过,效果如图 4-20 所示。

图 4-20 效果图

(1) 新建文档,设置舞台大小为 $550 \times 300px$,背景色为黑色。

(2) 新建"矩形条"图形元件。选择"插入"→"新建元件"菜单命令,类型选择"图形",进入图形元件编辑状态,绘制一个矩形条,效果如图 4-21 所示。

(3) 新建"文字"图形元件。输入淡蓝色的 WELCOME TO BEIJING,设置字体字号。

(4) 返回场景 1,依照图 4-22 建立以下图层。

图 4-21 "矩形条"元件

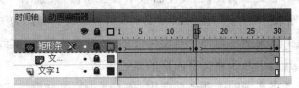

图 4-22 场景 1 时间轴

① "文字 1"层:将"文字"图形元件拖动到第 1 帧,将该实例的 Alpha 值设置为 60%,并在第 30 帧插入关键帧。

② "文字 2"层:复制"文字 1"图层的第 1 帧并粘贴到"文字 2"的第 1 帧。在属性面板中,调整该帧文字的"色调"为白色,该实例的 Alpha 值调整为 100%。

③ "矩形条"层:在第 1 帧,将"矩形条"元件拖动到文字的左侧,在第 15 帧插入关键帧,将"矩形条"拖至文字的右侧。在第 1~15 帧创建补间动画。复制第 1 帧并粘贴到第 30 帧,在第 15~30 帧创建补间动画。将该层设置为遮罩层。

(5) 保存文件并测试。

拖入场景中的元件被称为实例,更改元件的属性后,与此相关的实例都随之改变;但更

改实例的属性,并不会改变元件的属性。实例的颜色属性包括"变亮""色调"、Alpha、"高级",其中"色调""高级"都可以改变实例的颜色;Alpha改变实例的透明度;"变亮"改变实例的明暗度。

拓展任务

拓展1　制作图片字

文字的内部是一张美丽的图片,实现了字与图完美的结合,图片字效果如图4-23所示。

图4-23　效果图

本任务为制作图片字效果,首先用墨水瓶工具为文字描边,再利用剪贴板将文字边缘粘贴到图片上,最后用选择工具删除文字以外的多余图片,图片字的制作即大功告成。

（操作提示）

（1）新建文档,设置舞台大小为400×300px,背景色为白色。

（2）选择工具箱中的文本工具,在属性面板中设置字体为"隶书",大小为150,加粗,颜色随意,在舞台中间输入"图片字",按两次Ctrl+B组合键将其分离为矢量图。

（3）使用墨水瓶工具为文字勾一个宽度为2的边,颜色为红色,实线。

（4）使用选择工具选中并删除文字内部的黑色填充。

（5）使用选择工具将文字的边框全部选中,按Ctrl+X组合键将其剪切。

（6）选择"文字"→"导入"→"导入到库"菜单命令,在出现的"导入到库"对话框中,选中素材,单击"确定"按钮,将素材导入库中。

（7）将素材拖放到舞台,按Ctrl+B组合键将其分离。

（8）按Ctrl+Shift+V组合键将"图片字"三个字粘贴到原位。

（9）使用选择工具选中文字以外多余图片,按Delete键将其删除。

（10）保存文件并测试。

拓展2　制作拖尾文字

多层彩色FLASH字样在旋转过程中,出现模糊的重影效果,效果如图4-24所示。

图 4-24　效果图

（1）相同内容在不同图层中通过播放的时间差可产生重影。

（2）每层都是文字旋转一周的运动动画，且各层关键帧中实例的 Alpha 值由下层至上层依次增加。

本项目通过几个简单的文字特效制作，进一步学习 Flash 中绘图工具的使用方法。从上面几个例子可以看出，制作文字特效，首先要将文字分离，转换为矢量图再进行相应处理，换句话说，就是将文字看作一般的矢量图形，不加以区别来制作特效。

实战训练

实战 1　制作金属字

设置文件大小为 600×200px，背景色为深蓝色，使用文本工具输入 HOME，字体大小任意。使用颜料桶工具对文字内部进行线性渐变填充，使用墨水瓶工具对文字的边缘进行线性填充，最终效果如图 4-25 所示。

图 4-25　效果图

实战 2　制作闪光字

利用文字作为遮罩层,运动的矩形作为被遮罩层,制作亮条不停闪过文字的效果,如图 4-26 所示。

图 4-26　效果图

项目 5

元件的应用

元件又称为符号,是 Flash 中可以不断重复使用的一种特殊对象。元件的运用使动画的制作更简单、输出文件的尺寸明显减少。在 Flash 中,元件分为 3 类:影片剪辑、按钮和图形,它们之间的类型可以相互转换。每个动画影片都有自己的元件库。元件的来源一般有 3 种途径:一是通过"插入"菜单新建元件,二是从公用库中得到,三是从其他 Flash 源程序中提取。本项目通过制作具体的实例,掌握 3 种元件的制作及运用,进一步巩固动画的制作。

◇ 掌握 3 种元件的创建及运用,并学会三者之间的类型转换。

◇ 学会将从位图中提取的部分制作为元件。

项目任务　元件的创建

任务 1　制作变色的文字

任务介绍

通过制作文字不断变色的效果,初步接触图形元件和影片剪辑元件,任务效果如图 5-1 所示。

图 5-1　效果图

（1）新建文档，设置舞台大小为 550×200px，背景色为黑色。

（2）选择"插入"→"新建元件"菜单命令，在打开的"创建新元件"对话框中选择"图形"，并取名为"字"，单击"确定"按钮后进入元件编辑状态。选择文本工具，设置文字的字体、大小和颜色，输入"五彩缤纷"。

（3）再次选择"插入"→"新建元件"菜单命令，在打开的"创建新元件"对话框中选择"影片剪辑"，并取名为"字动"，单击"确定"按钮后进入影片剪辑元件编辑状态。选中第 1 帧，打开"库"面板，从库中将"字"图形拖至舞台中央，如图 5-2 所示。

图 5-2　第 1 帧效果

（4）分别选中第 5、10、15、20、25、30、35、40、45、50 帧，按 F6 键插入关键帧。选中第 5 帧，打开属性面板，在"颜色"列表中选择"色调"，并选择不同的颜色，使文字颜色发生变化，如图 5-3 所示。

图 5-3　第 5 帧的文字效果

（5）分别选中剩余的其他关键帧，重复步骤（4），使不同关键帧上的文字颜色均不相同。

（6）在各关键帧间创建动画补间，即可完成"字动"影片剪辑元件的制作。

（7）单击"场景 1"返回场景，将"字动"影片剪辑拖至舞台上并调整位置。

（8）保存文件并测试。

任务2　制作移动的白条

通过制作白条移动效果进一步学习图形元件和影片剪辑元件的使用方法，效果如图 5-4 所示。

图 5-4 效果图

（1）新建文档，设置舞台大小为 400×300px，背景色为粉色（♯FF6699）。

（2）选择"插入"→"新建元件"菜单命令，在打开的"创建新元件"对话框中选择"图形"，并取名为"白条"，单击"确定"按钮后进入图形元件编辑状态。用矩形工具在舞台中绘制一个无边框的白色矩形，如图 5-5 所示。

（3）再次选择"插入"→"新建元件"菜单命令，在打开的"创建新元件"对话框中选择"影片剪辑"，并取名为"移动的白条 1"，单击"确定"按钮后进入影片剪辑元件编辑状态。选中第 1 帧，打开库面板，从库中将"白条"图形拖至舞台中央，用同样的方法在第 1 帧上再放置两个白条，调整两个白条的大小，如图 5-6 所示。

图 5-5 白条图形元件   图 5-6 调整白条的粗细和位置

（4）分别选中 3 个白条，打开属性面板，在"颜色"中选择 Alpha 项，将其适当降低，产生透明的效果。

（5）分别选中第 20、40 帧，按 F6 键插入关键帧，选中第 20 帧上的白条，将其向右水平移动一段距离。在时间轴的第 1～20 帧右击，在快捷菜单中选择"创建补间动画"命令，此时拖动播放可以看到白条从左向右移动的效果。创建第 20～40 帧的补间动画，让白条向左移动。时间轴如图 5-7 所示。

（6）用同样的方法，创建"移动的白条 2"，移动的方向从右侧向左移动再返回右侧。

（7）单击"场景 1"，返回场景。从库面板中将"移动的白条 1"和"移动的白条 2"拖动至

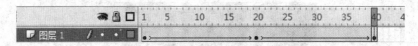

图 5-7 时间轴

舞台两侧。按 Ctrl＋Enter 组合键测试影片。

（8）保存文件并测试。

任务 3   制作新春横幅动画

火红的灯笼、金黄的文字，处处都洋溢着过节的喜庆氛围，本任务最终完成的效果如图 5-8 所示。

图 5-8 效果图

（1）新建文档，设置舞台大小为 650×300px，背景色为红色。

（2）新建"灯笼"图形元件，如图 5-9 所示。

（3）新建"春""节""快""乐"4 个图形元件，如图 5-10 所示。

（4）新建"春节快乐"影片剪辑，单击"插入图层"按钮，在"图层 1"之上另外新建 3 个图层，自上而下，图层分别命名为"春""节""快""乐"，时间轴参考如图 5-11 所示。

（5）选中"春"图层的第 1 帧，从库面板中选中"春"元件，将其拖至舞台左侧。选中第 20 帧，按 F6 键插入关键帧。使用任意变形工具将第 1 帧的元件缩小，并设置 Alpha 值为 0%，在第 1～20 帧右击时间轴，在快捷菜单中选择"创建补间形状"。

图 5-9 灯笼

（6）同样的方法，为"节""快""乐"这三个图层制作动画。

（7）返回场景 1，将"春节快乐"影片剪辑元件放在图层 1 的第 1 帧，按 Ctrl＋Enter 组合键，查看相应的动画。

（8）保存文件并测试。

图 5-10 4 个图形元件

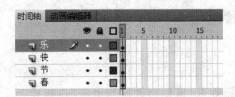

图 5-11 时间轴

任务 4 制作扇形按钮

本任务制作一个简单的扇形按钮,当按下按钮时变小,重点介绍按钮元件的制作方法, 效果如图 5-12 所示。

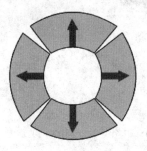

图 5-12 效果图

(1)新建文档,设置舞台大小为 200×200px,背景色为白色。

(2)新建"扇形"图形元件,如图 5-13 所示。

(3)选中"插入"→"新建元件"菜单命令,在打开的"创建新元件"对话框中选择"按钮", 并取名为"扇形按钮",单击"确定"按钮后进入元件编辑状态,如图 5-14 所示。

图 5-13 "扇形"图形元件

图 5-14 按钮元件编辑状态

（4）选中按钮的"弹起"帧，从库面板中将"扇形"元件拖动至舞台上，选择"指针经过"帧，按 F5 键插入普通帧，选择"按下"帧，按 F6 键插入关键帧，使用任意变形工具将"按下"帧的扇形适当缩小。

（5）返回场景，将"扇形按钮"拖至舞台，并复制、翻转，得到最终效果。

（6）保存文件并测试。

任务5 制作发光按钮

本任务制作发光的按钮效果，鼠标指针没放上去时，按钮是一个蓝色的球体，鼠标指针放到按钮上，蓝色球体变成一个不断发光的黄色小球。通过本任务进一步讲解按钮中影片剪辑的应用，效果如图 5-15 所示。

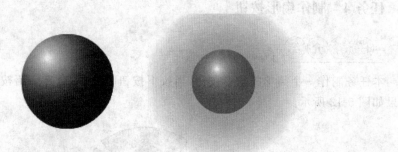

图 5-15 效果图

（1）新建文档，设置舞台大小为 200×200px，背景色为白色。

（2）选择"插入"→"新建元件"菜单命令，在打开的"创建新元件"对话框中选择"图形"，并取名为"蓝色小球"，单击"确定"按钮后进入元件编辑状态，如图 5-16 所示。

图 5-16 "蓝色小球"图形按钮

（3）再次选择"插入"→"新建元件"菜单命令，在打开的"创建新元件"对话框中选择"影片剪辑"，并取名为"黄色变化的小球"，单击"确定"按钮后进入元件编辑状态。双击"图层 1"将其重命名为"光"，新建图层将其命名为"球"，图层效果如图 5-17 所示。

（4）选中"光"图层的第 1 帧，绘制如图 5-18 所示的光晕效果。

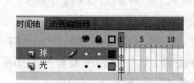

图 5-17　"黄色变化的小球"图层设置　　　　图 5-18　光晕效果

（5）选中整个光晕图形，右击，在弹出的快捷菜单中选择"转换为元件"命令，在弹出的"转换为元件"对话框中选择"图形"后，单击"确定"按钮。

（6）分别选中"光"图层的第 3 帧和第 5 帧，按 F6 键插入关键帧，将第 3 帧的光晕图形适当放大，在第 1～3 帧、第 3～5 帧创建补间动画，时间轴如图 5-19 所示。

（7）上锁"光"图层，选中"球"图层的第 1 帧，绘制如图 5-20 所示的黄色小球效果。

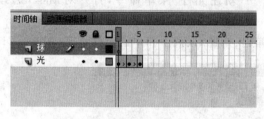

图 5-19　时间轴　　　　　　　　　图 5-20　绘制黄色小球

（8）选中"球"图层的第 5 帧按 F5 键插入普通帧。

（9）选择"插入"→"新建元件"菜单命令，在打开的"创建新元件"对话框中选择"按钮"，并取名为"球"，单击"确定"按钮后进入元件编辑状态。选中"弹起"帧，将"蓝色小球"图形元件拖至舞台，选择"指针经过"帧，按 F7 键插入空白关键帧，将"黄色变化的小球"影片剪辑拖至舞台，选择"按下"帧，按 F5 键插入帧。

（10）退出元件的编辑状态，返回场景，将"球"按钮放到舞台上并缩小，此时测试影片即可看到一个会发光的球形按钮效果。

（11）保存文件并测试。

元件是一种比较独特的、可重复使用的对象。元件的引入使动画的制作更为简单，使动画文档的大小明显减小，播放速度也显著提高。而库面板则是管理元件的主要工具，每个动画文档都有自己的库，存放着各自的元件。

在 Flash 动画中，元件是以实例的形式存在的。实例是元件的复制品，一个元件可以产生无数个实例，这些实例可以是相同的，也可以是通过分别编辑后得到的各种对象。对实例的编辑只影响该实例对象，而不会影响元件以及其他由该元件产生的实例，但是对元件的编辑将影响所有由此元件产生的实例。

1. 图形元件

用图形元件存储图形和动画可以减少影片文件的大小。

（1）建立图形元件。选择"插入"→"新建元件"菜单命令，打开对话框，选择"图形"选项。

（2）编辑图形元件。在图形元件编辑窗口中，可以编辑图形元件。有时也需要将舞台或其他元件中的元素转换为图形元件，具体方法为：选中舞台中要转换为图形元件的元素，选择"插入"→"转换为元件"菜单命令，打开对话框，选择"图形"选项。

（3）返回主场景以及图形元件的应用。单击"场景"按钮，将结束图形的编辑返回当前场景。按住 Ctrl＋L 组合键打开文件指定库，可以发现库中多了一个图形元件，用鼠标拖动库中图形元件的图标到舞台上即可应用该元件。在动画环境中，双击实例可以编辑图形元件，此时其他元素虽可见，但为灰色不可编辑状态。

2. 按钮元件

按钮用于响应鼠标，即随着鼠标显示不同的状态，执行指定的行为。

（1）建立按钮元件。选择"插入"→"新建元件"菜单命令，打开对话框，选择"按钮"选项。

（2）编辑按钮文件。按钮元件有弹起、指针…、按下和单击 4 种状态，如图 5-21 所示。

图 5-21　按钮元件编辑状态

弹起：表示鼠标指针在按钮上时按钮的状态。

指针…：表示鼠标指针经过按钮时按钮的状态。

按下：表示按下鼠标时按钮的状态。

单击：设置按钮响应鼠标的区域。

3. 影片剪辑元件

影片剪辑就是剪辑的一部分影片文件，它是独立于主时间线运行的动画，在影片剪辑元件中可以放入其他元件、声音以及动作等。

（1）影片剪辑元件的建立。选择"插入"→"新建元件"菜单命令，打开对话框，选择"影片剪辑"选项。

（2）影片剪辑元件的编辑。在影片剪辑中，可以编辑影片剪辑元件的动画。若要再次使用舞台制作好的动画，可以将动画复制到影片剪辑元件中。编辑转换的影片剪辑元件并不影响原动画的效果。

4. 库窗口

每个 Flash 源文件都有自己的库，用来存放和组织元件、声音、位图和视频等其他资源。选择"窗口"→"库"菜单命令（或按 Ctrl＋L 组合键），即可打开当前 Flash 文件的特定库。

拓展任务　制作会放电的按钮

本任务制作按钮放电效果,鼠标指针移动到"点我"上,就会产生放电效果,鼠标指针离开,放电效果消失,效果如图5-22所示。

图5-22　效果图

(1) 新建文档,设置舞台大小为400×200px,背景色为蓝色。

(2) 新建"放电"影片剪辑,在元件编辑状态下,选择"图层1"的第1帧,选择直线工具,设置笔触颜色为"白色",在场景中画一段折线,如图5-23所示。

(3) 选择第3帧,按F6键插入关键帧,使用任意变形工具将场景中的折线向左拉伸一段距离。单击第1帧,在属性面板中创建形状补间。选择第5帧,按F6键插入关键帧。

(4) 新建图层2,在第3帧按F7键插入空白关键帧。选择椭圆工具,设置笔触颜色为无,打开混色器面板,设置填充样式为"放射状",左色标为白色,Alpha值为100%,右色标也为白色,Alpha为0%。在场景中画一个圆,将其拖动至折线的左端,如图5-24所示。

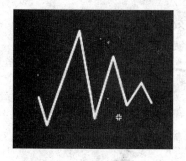

图5-23　画折线

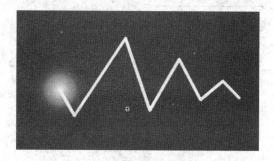

图5-24　画透明渐变的圆

(5) 新建"放电按钮"按钮元件,在元件编辑状态下,双击"图层1"重命名为"点我",在该图层的"弹起"帧使用文本工具输入"点我"两字(字体、大小、颜色任意)。选择该图层的"按下"帧,按F5键插入帧。新建图层2,将其命名为"圆球",在该图层的"弹起"帧绘制如图5-25所示的一个放射状渐变的球体,选择"圆球"图层的"按下"帧按F5键插入帧。新建图层3

将其重命名为"动画",选择"动画"层的"指针经过"帧按 F7 键插入空白关键帧。将"放电"影片剪辑元件拖至舞台上,并将其放在圆球的右边,选择"动画"图层"按下"帧,按 F5 键插入帧。

图 5-25　绘制渐变小球

（6）返回"场景 1",将"放电按钮"元件拖至舞台上。

（7）保存文件并测试。

本项目通过具体例子介绍了 Flash 中元件的使用,合理利用元件可以提高动画制作的速度,而且便于对动画的修改。图形元件主要用于制作静态图像,影片剪辑元件多用于制作动态效果,按钮元件用于响应鼠标,即随鼠标显示不同的状态,执行指定的行为。库面板是存放元件的仓库,起到了元件与舞台、元件与元件间桥梁的作用。

实战训练　制作跳跃的文字

利用图形元件、影片剪辑元件制作文字上下跳跃的效果,如图 5-26 所示。

图 5-26　效果图

项目 6

图层的运用

本项目主要使读者掌握图层的创建、移动、隐藏、锁定等操作，以及引导层、遮罩层特殊动画效果的制作。

◇ 掌握图层的基础操作。

◇ 掌握遮罩层、运动引导层动画的原理和制作方法。

项目任务

任务 1　图片的简单切换

任 务 介 绍

两张图片分别以矩形的横向、圆的中心展开，效果如图 6-1 所示。

图 6-1　图片的简单切换效果图

（1）新建文档，设置舞台大小为 300×200px，背景色为浅蓝色。

（2）导入图片。将本项目素材文件夹中的 P1、P2、P3 图片导入影片元件库中。

（3）在场景 1 中设置图片 1 的遮罩显示效果。

① "图片 1" 图层：将图层 1 更名为 "图片 1"，将图片 1 拖至第 1 帧，并在第 25 帧插入帧。

② "遮罩层 1" 图层：锁定图层 1，插入新的图层，并重新命名为 "遮罩层 1"，在该图层的第 1 帧绘制一个 300×4px 的矩形条，按 F8 键将其转换成图形元件，在第 25 帧按 F6 键插入关键帧，将其修改为 300×200px 的矩形，恰好将图片 1 覆盖，在第 1～25 帧创建补间动画，并在 "遮罩层 1" 图层位置右击选择 "遮罩" 命令，如图 6-2 所示。

（4）完成图片 2 的遮罩显示设置。

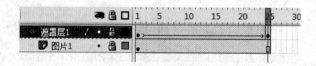

图 6-2　图片 1 遮罩设置

① "图片 2" 图层：在 "遮罩层 1" 图层上新建一个图层，命名为 "图片 2"，在第 26 帧插入空白关键帧，将图片 2 拖至该帧，在第 51 帧插入帧。

② "遮罩层 2" 图层：锁定该图层，插入新的图层，并更名为 "遮罩层 2"，在该图层的第 26 帧绘制一个 8×8px 的圆形，将其转换为图形元件。利用对齐面板，将小圆与舞台的中心对齐，在第 51 帧插入关键帧，将其修改为 380×380px 的圆形。在第 26～51 帧创建补间动画，并在 "遮罩层 2" 图层位置右击选择 "遮罩" 命令，如图 6-3 所示。

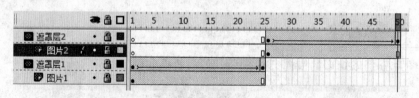

图 6-3　图片 2 的遮罩设置

（5）设置背景图。在 "遮罩层 2" 图层上新建一个名为 "背景" 的图层，将图片 3 拖动至第 1 帧，此时自动延长至第 51 帧。并将该图层移至图片 1 的下方，在该图层右击，选择 "属性" 命令，选择 "一般" 类型，将该图层设置为普通层。最终时间轴设置如图 6-4 所示。

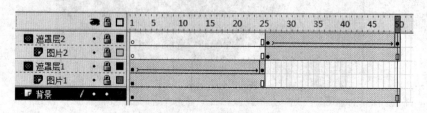

图 6-4　添加背景层后的时间轴

（6）保存为"摄影作品的展示.fla"文件，并测试影片。

任务2 制作转动的地球

用一张地图和自绘的球形，通过遮罩及运动动画完成地球旋转效果，效果如图 6-5 所示。

图 6-5 转动的地球效果图

（1）新建文档，设置舞台大小为 300×200px，背景颜色为灰色。

（2）导入图片，并新建 map 图形元件。将地图图片导入元件库中，新建 map 图形元件，在该图形元件中将地图的白色背景去掉，如图 6-6 所示。

图 6-6 map 图形元件

（3）新建 ball 图形元件。选择椭圆工具，笔触色设为无，填充颜色设置为蓝色至深蓝色放射状渐变，绘制一个圆形作为地球，如图 6-7 所示。

（4）新建"文字"图形元件。选择文字工具，字体为华文隶书，大小为30。

（5）颜色为红色，在舞台中输入"转动的地球"。并给文字添加黑色投影滤镜效果，如图 6-8 所示。

图 6-7　ball 图形元件

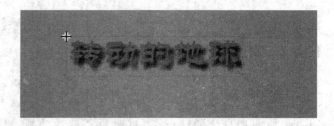

图 6-8　文字图形元件

（6）返回场景，建立转动的地球动画，图层及时间轴如图 6-9 所示。

图 6-9　转动的地球动画时间轴

① 双击图层 1 更名为 ball，将 ball 图形元件拖至第 1 帧，在第 30 帧插入帧。

② 新建图层并更名为 map，将 map 元件拖至第 1 帧，并将地图移至地球左侧。在第 30 帧插入关键帧，将地图移至地球左侧。在第 1～30 帧右击创建补间动画。

③ 新建 mask 图层。选中 ball 图层第 1～30 帧右击选择"复制帧"命令，在 mask 图层，选中第 1～30 帧右击选择"粘贴"命令。在 mask 图层右击选择"遮罩层"命令。

④ 新建 wz 图层。将 wz 图形元件拖至第 1 帧，在第 15 帧、第 30 帧分别插入关键帧，并选中第 15 帧的文字，选择"修改"→"变形"→"缩放和旋转"命令将其放大为 150％。分别在第 1～15 帧及第 15～30 帧创建补间动画，生成由小变大再变小的动画。

（7）保存为"转动的地球.fla"文件，并测试影片。

任务 3　制作飞机飞行效果

任务介绍

自绘小飞机盘旋飞舞在天空中，最后飞出画面，最终效果如图 6-10 所示。

图 6-10　飞机飞行效果图

(1) 新建文档,设置舞台大小为 $550 \times 400px$,背景颜色为白色,帧频为13。

(2) 导入"风景"图片到元件库中。

(3) 新建"飞机"图形元件。利用绘图工具绘制一架飞机,如图6-11所示。

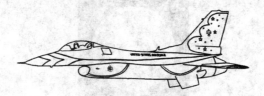

图6-11 "飞机"图形元件

(4) 返回场景1,建立飞机从右侧向左侧沿自绘路径飞行的动画,如图6-12所示。

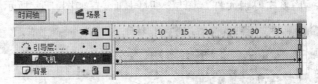

图6-12 飞机飞行时间轴

① 将图层1重命名为"背景",将"背景.jpg"图片拖至该层的第1帧,并在第40帧插入帧。

② 新建图层2,重新命名为"飞机"。将"飞机"图形元件拖至第1帧,并在第40帧插入关键帧。在第1~40帧右击创建补间动画。

③ 在"飞机"图层上添加运动引导层,用铅笔工具绘制一条曲线,作为飞行路径。将第1帧的飞机移至曲线右侧起点位置,并将两者中心点对齐。

(5) 保存为"飞机飞行.fla"文件,并测试影片。

任务4 制作花环

24个彩色小球沿着各自的椭圆轨迹运动,最终效果如图6-13所示。

图6-13 花环效果图

（1）新建文档，设置舞台大小为550×400px，背景颜色为深蓝色。

（2）新建"黄色球"图形元件。选择椭圆工具绘制一个如图6-14所示的圆球。

图6-14　黄色球

（3）新建"球转动"影片剪辑元件。图层及时间轴设置如图6-15所示。

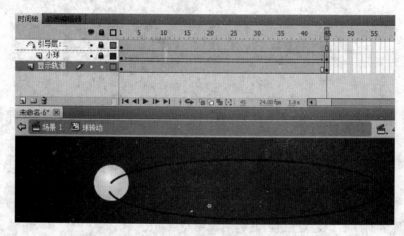

图6-15　球转动影片剪辑时间轴

① 将图层1命名为"显示轨道"，绘制一个黄色的无填充的椭圆，在第45帧插入帧。

② 新建"小球"图层：将"黄色球"图形元件拖至第1帧，在第45帧插入关键帧，并在第1～45帧之间创建补间动画。

③ 在"小球"图层之上添加运动引导层，复制图层1第1帧的无填充黄色椭圆，将其粘贴到运动引导层的第1帧。选择"显示轨道"层，单击图标 👁，隐藏该层。将引导层中的椭圆用橡皮工具擦出一个小缺口，然后，将"小球"图层的第1帧的黄色球拖至椭圆边线的起点处。在第45帧移动小球至终点处。

④ 选择"显示轨道层"，再次单击图标 👁，即显示该层，若不进行编辑，可单击图标 🔒，暂时锁定该层。

（4）返回场景1，时间轴及图层设置如图6-16所示。

① 将图层1更名为"球"，将"球转动"影片剪辑拖至图层1第1帧，利用变形面板旋转15°并复制24次。

② 新建图层2，重新命名为"文字"。输入"花环"文字，并添加滤镜效果进行适当修饰。

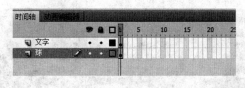

图6-16 场景1时间轴

(5) 保存文件并测试。

在Flash中图层概念与PhotoShop软件中图层一样,将多层中内容叠加在一起,上面层的内容会遮住下面层的内容。在复杂动画制作中,应当为不同内容分配不同的图层,同时为该层起一个易识别图层名,既层次清晰又便于编辑修改。

(1) 图层的分类:一般层、引导层、遮罩层三种。可以根据需要随时更改层的属性。

(2) 新建图层:单击图层下方的新建图标 。

(3) 图层重命名:双击图层名即可修改。

(4) 移动图层:用鼠标直接向上或向下拖动图层。

(5) 隐藏图层:当需要隐藏某一图层内容时,可单击图标 ,将该层隐藏;再次单击即可显示该图层。

(6) 锁定图标:当需要保护某一层内容时,可单击图标 ,锁定该层。

(7) 遮罩动画:该动画必须由两个图层完成。位于下方的图层是被遮罩的图层。被遮罩层的内容只有通过遮罩层的图形才能显示出来。遮罩层就像一个窗口,只有位于该窗口内的被遮罩层的内容才能被显示出来。

创建方法:首先创建一个被遮罩的普通层,在需要成为遮罩层的图层上右击,选择"遮罩层"命令即可。

(8) 引导层动画:该动画必须由两个图层完成,即引导层和被引导层,在引导层中绘制运动路径,被引导层为某一补间动画。例如一个小球沿椭圆形路径运动,在引导层中绘制椭圆形,而被引导层则是小球的运动渐变动画。

创建方法:在需要添加运动引导层的图层上方,右击该图层,选择"添加传统引导层"命令即可为该层添加一个引导层,在此层绘制运动轨迹,并将被引导层首尾两个关键帧对象中心点与运动轨迹起点和终点中心点相重合,才能实现对象沿引导线运动的动画效果。

如果引导层是一个闭合的运动轨迹,首先要在其上用橡皮工具擦出一个缺口,作为起点和终点,才可设置引导层动画。

拓展任务 图片切换

展示学生的3D作品,图片切换效果分别为横向百叶窗、方形中心展开及方形左上角收缩。最终效果如图6-17所示。

图 6-17　图片切换效果图

（1）新建文档，设置舞台大小为 550×400px。

（2）导入三张学生 3D 作品图片。

（3）新建横向百叶窗效果的 ZZ1 影片剪辑元件。其中要先创建 1 个 Z1 影片剪辑元件，设置一个窄条变宽条形变动画。在 ZZ1 中，将 Z1 多次拖入，并横向整齐排列。

（4）再分别新建 Z2 和 Z3 两个影片剪辑元件。Z2 为正方形以中心为对称轴由小变大的形状补间动画。Z3 为右下角向左上角逐渐收缩的正方形形状补间动画。

（5）分别建立每张遮罩显示效果。

通过本项目的任务，学习了 Flash 中图层创建等相关操作，要求读者能够熟练掌握多图层动画的建立，特别是遮罩动画、引导层动画的设置与制作。

实战训练　手写字

效果如图 6-18 所示。完成的动画效果："小"字仿佛是由人一笔一画写出来的。

图 6-18　手写字效果

项目 7

按钮控制的运用

为了实现交互动画,本项目将学习一些常用的脚本语言。在 Flash 中,通常可以给关键帧、按钮、影片剪辑添加动作。

◇ 掌握时间轴控制及按钮控制中的命令,如 stop()、gotoAndPlay()、on()、fsCommand()等。

项目任务

任务 1 按钮控制的圣诞卡

该任务场景中有小雪人、彩灯、圣诞老人、礼盒、祝福语 5 个按钮,依次单击这些按钮,会显示相应的内容。最终效果如图 7-1 所示。

图 7-1 圣诞卡效果图

（1）新建文档，设置舞台大小为 550×400px，背景色为黑色，帧频设置为 15。

（2）将素材文件夹中的图片导入元件库。

（3）新建"背景"图形元件，包括渐变蓝色矩形、雪地及松树，矩形宽为 550、高为 400，效果如图 7-2 所示。

图 7-2　"背景"图形元件

（4）新建 5 个按钮元件，分别命名为"小雪人""彩灯""圣诞老人""礼盒"和"祝福语"。建立"小雪人"按钮如下。

① 选择"插入"→"新建元件"菜单命令，选择"按钮"类型，名称为"小雪人"，单击"确定"按钮。

② "小雪人"按钮时间轴如图 7-3 所示，按钮完成效果如图 7-4 所示。

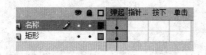

图 7-3　"小雪人"按钮时间轴

图 7-4　按钮完成效果

③ 其他 4 个按钮可通过在元件库中右击，执行"直接复制"命令，并进入按钮编辑状态进行相应的名称修改完成。

（5）新建"彩灯闪"影片剪辑元件。

① 选择"插入"→"新建元件"菜单命令，类型为"影片剪辑"，名称为"彩灯闪"，单击"确定"按钮。

② 在图层 1 的第 1 帧绘制多个不同的五角星，并在第 4、7 帧分别按 F6 键插入关键帧，在第 10 帧插入帧，各关键帧内容如图 7-5 所示。

(a) 第1帧　　　　　　(b) 第4帧　　　　　　(c) 第7帧

图 7-5　彩灯闪元件中各关键帧内容

（6）新建"老人"图形元件，将"图 1"图形拖入该元件的图层 1，效果如图 7-6 所示。

（7）新建"雪人"图形元件，将"图 2"图形拖入，将位图转为矢量图，去掉白色背景，效果如图 7-7 所示。

（8）新建"盒子"图形元件，将"图 3"图形拖动至该元件图层 1，效果如图 7-8 所示。

图7-6　"老人"图形元件　　　　　　图7-7　"雪人"图形元件

（9）新建"祝词"图形元件，输入"圣诞快乐"文字，字形、字号颜色及效果如图7-9所示。

图7-8　"盒子"图形元件　　　　　　图7-9　"祝词"图形元件

（10）在元件库中新建文件夹，并命名为"按钮"，将"小雪人""彩灯""圣诞老人""礼盒"和"祝福语"5个按钮元件拖至此文件夹中，便于管理。

（11）返回场景1，建立动画，图层及时间轴如图7-10所示。

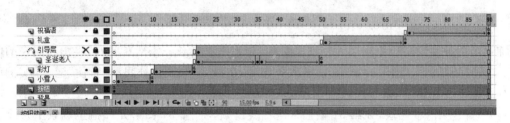

图7-10　场景1各图层及时间轴

① 将图层1重命名为"背景"，将"背景"图形元件拖至该层第1帧，在第90帧插入帧。

② 新建图层，重命名为"按钮"，将5个按钮元件拖至第1帧，放置在场景的上部，并为每个按钮设置动作，如图7-11所示。

③ 新建图层，重命名为"小雪人"，在第2帧按F7键插入空白关键帧，将"雪人"图形元件拖至该帧，在第10帧按F6键插入关键帧，在第2～10帧创建补间画面，并将第2帧"雪人"实例的Alpha值设置为0%。分别在时间轴上的第1帧和第10帧右击，选择"动作"菜单命令，添加帧动作stop()；。此时时间轴相应关键帧出现a，表示时间轴该帧设置了动作。

④ 新建"彩灯"图层，在第11帧插入空白关键帧，将"彩灯闪"影片剪辑元件拖至该帧，并在第20帧插入关键帧，在第20帧添加帧动作stop()；。

⑤ 新建"圣诞老人"图层，在第21帧插入空白关键帧，将"老人"图形元件插入；为该层

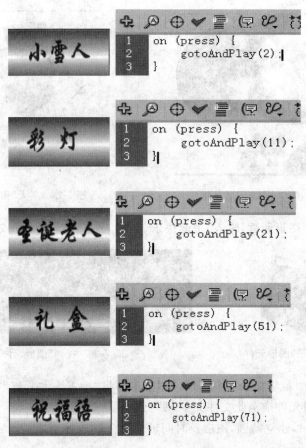

图 7-11　各按钮动作设置

添加运动引导层,在第 21 帧插入空白关键帧,用铅笔工具画一条从左向右,再由右向左的曲线;选择"圣诞老人"图层的第 50 帧插入关键帧,在第 21 帧创建补间动画,使"老人"实例沿引导线运动。在第 50 帧添加帧动作 stop();。

⑥ 新建"礼盒"图层,在第 51 帧插入空白关键帧,将"盒子"图形元件拖至场景上边缘之外。在第 70 帧插入关键帧,将盒子适当放大并移动到圣诞树旁。在第 51 帧创建补间动画,并顺时针旋转 5 次。在时间轴第 70 帧添加帧动作 stop();。

⑦ 新建"祝福语"图层,在第 71 帧插入空白关键帧,将"祝词"图形元件拖至场景上边缘之外。在第 90 帧插入关键帧,将该实例移至场景内。在第 71 帧创建补间动画,并设置缓动值为 100,逆时针旋转 8 次。在第 70 帧添加帧动作 stop();。

(12) 保存为"圣诞卡.fla"文件,并测试影片。

任务 2　控制播放

按钮控制。在人骑车前行的过程中,通过给播放、暂停、全屏、还原按钮添加相应的代码,实现相应的控制。最终效果如图 7-12 所示。

图 7-12　播放控制效果图

（1）新建文档，设置舞台大小为 550×400px，背景色为白色。

（2）将素材文件夹中的 girl 图片导入元件库中。

（3）新建"背景"图形元件，利用各种绘图工具绘制蓝天、云彩、树、楼房、路等，效果如图 7-13 所示。

（4）新建"骑车"影片剪辑元件。

① 将 girl 图片拖至该元件的第 1 帧，利用"修改"→"位图"→"转换位图为矢量图"命令，将白色背景去掉。

② 在第 5 帧插入关键帧，将女孩的裙子及发辫做适当修改，并将整个图形向下稍微移动一段距离，形成动感。

③ 在第 10 帧插入帧。该影片剪辑元件的时间轴及各帧内容如图 7-14 所示。

图 7-13　"背景"图形元件

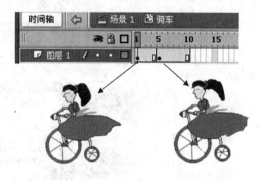

图 7-14　"骑车"影片剪辑元件

（5）新建 5 个元件。

① "播放"按钮创建。选择"窗口"→"公用库"→"按钮"菜单命令，找到文件夹 playback rounded 中的 rounded green play 按钮，将其直接拖至元件库中，并将其更改为"播放"。双击此按钮，进入元件编辑状态，将不需要的图层删除，并添加一个新图层，输入按钮显示文字"播放"，如图 7-15 所示。

② 用以上方法继续创建"暂停""全屏""还原"三个按钮，分别如图 7-16～图 7-18 所示。

③"退出"按钮的创建。选择"窗口"→"公用库"→"按钮"菜单命令，找到文件夹 buttons circle bubble 中的 circle bubble red 按钮，将其直接拖至元件库中，并更名为"退出"。双击此按钮，进入编辑状态，将 text 图层的原文字更改为"退出"即可，如图 7-19 所示。

图 7-15 "播放" 图 7-16 "暂停" 图 7-17 "全屏" 图 7-18 "还原" 图 7-19 "退出"
按钮　　　　　按钮　　　　　　按钮　　　　　　按钮　　　　　　按钮

（6）返回场景 1，建立各图层。时间轴及各图层如图 7-20 所示。

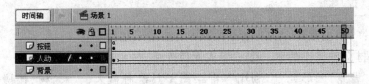

图 7-20　场景 1 时间轴

① 将图层 1 更名为"背景"，将"背景"图形元件拖至该层的第 1 帧，在第 50 帧插入帧。

② 新建"人动"图层，将"骑车"影片剪辑元件拖至该层的第 1 帧，并放置在场景右侧，在第 50 帧插入关键帧，将该实例移至场景左侧，在第 1～50 帧创建补间动画，实现小女孩从右侧向左侧运动的动画效果。

③ 新建"按钮"图层，将 5 个按钮元件拖至图层的第 1 帧，并设置第 1 关键帧的帧动作为 stop();，各按钮的动作设置如图 7-21 所示。

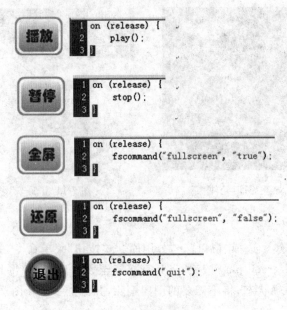

图 7-21　各按钮动作

（7）保存为"播放控制.fla"文件，并测试影片。

1．相关命令解释

```
on(release);                          //当鼠标指针经过按钮时按下再释放鼠标
on(press);                            //当鼠标指针经过按钮时按下鼠标
on(rollOver);                         //当鼠标指针滑到按钮上时
nextFrame();                          //播放头跳转到下一帧
play();                               //开始播放
stop();                               //停止播放
gotoAndPlay(10);                      //播放头跳转到第10帧并开始播放
gotoAndPlay("场景",帧);               //播放头跳转到指定场景的指定帧并开始播放
fscommand("fullscreen","true");       //全屏播放
fscommand("fullscreen","false");      //全屏播放还原
fscommand("quit");                    //退出
```

2．On()命令——按钮的交互控制

（1）语法形式

```
on(){
    此花括号中是当鼠标事件发生时要执行的语句
}
```

（2）功能

指定触发动作的鼠标事件，实现交互控制。按钮上的动作命令都是添加在 on 语句的花括号中的，是通过圆括号中指定的鼠标事件来执行的。

（3）参考说明

圆括号中的参数是鼠标事件，常用的鼠标事件除上面介绍的 press、release、rollOver 以外，还有 rollOut（鼠标指针移动按钮区域）、dragOut（当鼠标指针移动到按钮上按下鼠标按键，然后移出此按钮区域）、dragOver（当鼠标指针移动到按钮上按下鼠标按键，然后移出此区域，接着再移回到该按钮上）、releaseOutside（当鼠标指针在按钮之内按下按键后，将鼠标指针移动到按钮之外，此时释放鼠标按键）。

3．添加动作脚本

（1）在 Flash 中添加动作脚本分为两种方式，即"帧"和"现象"。

一种方式是为时间轴的"帧"添加动作脚本。添加脚本之前，首先要选中需要添加脚本的关键帧。然后打开动作面板选择"全局函数"→"时间轴控制"中的命令，即可添加相应的帧动作。

另一种方式是为"对象"添加动作脚本，"对象"是指场景中的"按钮"元件实例及"影片剪辑"元件实例，但不包括"图形"元件实例。添加动作脚本时首先要选定场景中需要添加脚本的按钮实例或影片剪辑实例。

（2）添加动作的具体方法有三种，即键盘直接输入、普通模式、脚本助手模式。

下面以项目任务 1 中的"小雪人"按钮添加动作脚本为例,具体介绍这三种方法。

```
on(press){
    gotoAndPlay(2);
}
```

方法一:键盘直接输入。

在场景中选中需要添加动作的按钮实例,如"小雪人"按钮,打开动作面板,直接将代码输入即可。

方法二:普通模式。

(1)选中场景的按钮,打开动作面板,单击"将新项目添加到脚本中"按钮,选择"全局函数"→"影片剪辑控制"→on 菜单命令,该语句就被添加到脚本编辑窗口中,如图 7-22 所示。

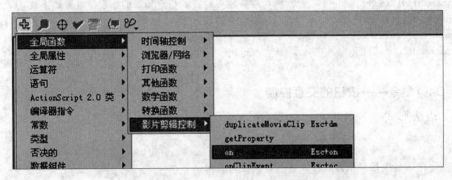

图 7-22 普通模式下添加 on 命令

(2)此时光标位于圆括号中,同时会显示代码提示列表,双击 press 事件,将它添加到圆括号内。如果没有代码提示,可单击"显示代码提示"按钮,如图 7-23 所示。

(3)接着在 on 语句的花括号中单击,将光标移至花括号内,开始输入执行语句。此例为 gotoAndPlay(2),输入方法是,再次单击"将新项目添加到脚本中"按钮,选择"全局函数"→"时间轴控制"→gotoAndPlay 菜单命令,并在圆括号中输入 2,该语句即添加完毕,可单击"自动套用格式"按钮,规范格式。规范格式与非规范格式的对比如图 7-24 所示。

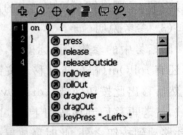

图 7-23 普通模式下添加鼠标事件

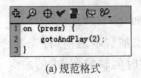

(a)规范格式

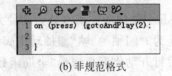

(b)非规范格式

图 7-24 规范格式与非规范格式对比

方法三:脚本助手模式。

(1)选中场景中的按钮,打开动作面板,单击面板右侧的"脚本助手"按钮,会在上方显示空白"脚本助手"窗口,再单击左侧的"将新项目添加到脚本中"按钮,选择"全局函数"→"影片剪辑控制"→on 菜单命令,此时在上面的"脚本助手"窗口中显示所有鼠标事件的选项,选择"释放",与 release 相同,如图 7-25 所示。

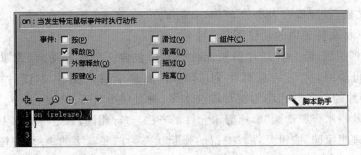

图 7-25 脚本助手

(2)继续单击左侧的"将新项目添加到脚本中"按钮,选择"全局函数"→"时间轴控制"→goto 菜单命令,在"脚本助手"窗口中选择相关的参数即可,如图 7-26 所示。

图 7-26 "脚本助手"窗口显示的 goto 命令中的所有参数选项

拓展任务 按钮热区

场景中有"理想家园"和"珍惜水资源"两个按钮,当鼠标指针移至不同的按钮上时,在同一个圆形区域内显示不同的图片。最终效果如图 7-27 所示。

图 7-27 按钮热区效果图

（1）新建文档，设置舞台大小为 550×400px。

（2）导入素材文件夹中的两张图片。

（3）新建"理想家园动画"影片剪辑元件。其中包含一个遮罩动画，遮罩层为一个由小圆到大圆的补间动画，大圆的宽高均为 240px；被遮罩层为图片1，图片1的宽高均为250px。圆与图片的对齐方式均为相对舞台水平、垂直居中对齐。

（4）新建"珍惜水资源动画"影片剪辑元件。方法与（3）相同，只是将图片1更换为图片2。

（5）新建"理想家园"按钮元件。按钮的弹起状态为白底蓝字的矩形，按钮的指针经过状态变为蓝底白字，并且在矩形的右侧位置将"理想家园动画"影片剪辑拖入，注意坐标位置。

（6）新建"珍惜水资源"按钮元件。效果和方法同"理想家园"按钮，只是按钮的指针经过状态拖入的是"珍惜水资源动画"影片剪辑。依据（5）中"理想家园动画"影片剪辑的坐标，调整本按钮中的"珍惜水资源动画"影片剪辑的位置。

（7）返回场景1，将"理想家园"和"珍惜水资源"按钮拖至场景左侧，并画一个边线为5，无填充色的圆，宽、高均为 240px，尽量调整其与动态显示区域重合。

本项目主要学习了一些常用的脚本语言的含义，并详细讲解了设置动作脚本的几种方法。通过本项目的学习，要求读者能够熟练制作简单的交互动画，为以后的学习打下良好的基础。

实战训练　制作"电视频道"动画

最终效果如图 7-28 所示。通过场景中遥控器面板上 4 个按钮，可以切换到不同的节目频道，即显示不同内容的图片。在进入这 4 个频道前，屏幕上始终显示"星星卫视"，并设置"模糊"的时间轴特效。

图 7-28　效果图

项目 8

带片头的图片欣赏

场景可以说就是现场的景物,它是舞台上营造出的一个特定环境。很多 Flash 影片都只有一个场景,但要制作较复杂的动画影片,就需要建立多场景。通过本项目任务,掌握场景建立、更名、删除等操作。

 学 习 目 标

◇ 掌握多场景动画的创建。
◇ 掌握使用场景面板进行重命名、复制、删除等操作。

项目任务 制作"带片头的图片欣赏"动画

 任 务 介 绍

该动画包括两个场景,场景 1 为带有"播放"按钮的片头,场景 2 为学生创作作品浏览动画并有"重放"按钮,两个场景分别命名为"片头"和"作品展示",最终效果分别如图 8-1 和图 8-2 所示。

图 8-1 片头效果图

图 8-2 作品展示效果图

（1）新建文档，设置舞台大小为 $550 \times 400px$，背景色为深蓝色。

（2）新建一个场景并将场景重命名。

① 新建一个场景。选择"插入"→"场景"菜单命令，此时影片含有两个场景，即场景 1 和场景 2。

② 修改场景名称。选择"窗口"→"其他面板"→"场景"菜单命令，打开场景面板，双击"场景 1"输入新名"片头"，双击"场景 2"输入新名"作品展示"。

（3）"片头"场景的制作。

① 进入"片头"场景。单击时间轴上方的"编辑场景"按钮，在目录中选择"片头"。

② 创建 4 个图形元件。分别输入"学""生""作""品"，文字的属性自定。

③ 创建"标题文字"影片剪辑元件。依照图 8-3 所示，建立标题文字的风吹效果。

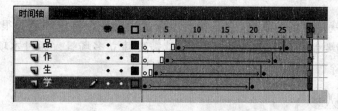

图 8-3 "标题文字"影片剪辑时间轴

④ 创建"学"图层中文字的风吹动画效果，步骤如下。

• 将"学"元件拖至第 1 帧，在第 20 帧插入关键帧，将该帧文字向左移动一定距离。

• 将第 1 帧的"学"字水平翻转，且将 Alpha 值改为 0%。

• 在第 1～20 帧创建补间动画，在第 30 帧插入帧。

• 其余各图层与"学"图层的动画设置一样，只是每个字的动画间隔几帧再显示。

⑤ 创建"播放"按钮。按钮及时间轴如图 8-4 所示。

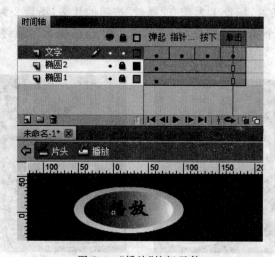

图 8-4 "播放"按钮元件

⑥ 返回"片头"场景。分别建立"标题文字"及"按钮"两个图层,时间轴如图 8-5 所示。

- "标题文字"图层:将"标题文字"影片剪辑元件拖至舞台右侧之外。

- "按钮"图层:将"播放"按钮元件拖至舞台的右下角。

- 为按钮添加动作。在场景中的按钮实例上右击,选择"动作"菜单命令,添加如图 8-6 所示的动作。

图 8-5 "片头"场景时间轴

- 添加停止播放的帧动作。在"标题文字"或"按钮"两个图层的任何一层的第 1 关键帧右击,添加如图 8-7 所示的动作。

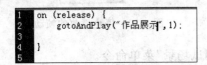
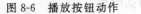

图 8-6 播放按钮动作

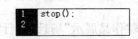

图 8-7 停止播放帧的动作

⑦ 测试"片头"场景动画。选择"控制"→"测试场景"菜单命令。

(4)"作品展示"场景的制作。

① 进入"作品展示"场景。单击时间轴上方的"编辑场景"按钮,在场景目录中选择"作品展示"。

② 新建 4 个作品图形元件。将 4 张图片放在各自的图形元件中,分别命名为 p1、p2、p3、p4。

③ 创建"重放"按钮元件。可用复制元件的方法快速制作类似的元件。

方法:在元件库中的"播放"按钮上右击,选择"直接复制"菜单命令,并命名为"重放",双击复制好的按钮元件,再次双击文字层,将"播放"改为"重放"即可。

④ 返回"作品展示"场景,依照图 8-8 所示完成该场景的动画设置。

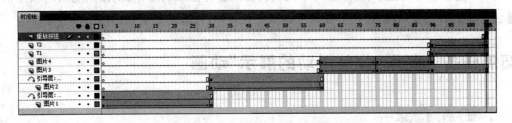

图 8-8 作品展示场景时间轴

- "图片 1"及"图片 1 引导层":在第 1~30 帧,实现图片 1 沿引导线从左上方进入场景的运动效果。

- "图片 2"及"图片 2 引导层":在第 31~60 帧,实现图片 2 沿引导线从右上方进入场景的运动效果。

- "图片 3"层:在第 61~90 帧,实现图片 3 逐渐消失再逐渐清晰的效果。

- "图片 4"层：在第 61~90 帧，实现图片 4 逐渐清晰再逐渐消失的效果。
- T1 与 T2 两层：在第 91~105 帧，实现图片由下至上或由上至下进入场景的运动效果。
- "重放"按钮层：在第 105 帧插入关键帧，将"重放"按钮元件拖至场景的右下方，并在场景中的实例上右击，选择"动作"菜单命令，添加如图 8-9 所示的按钮动作。
- 添加停止播放的帧动作：在"重放"按钮图层的第 105 关键帧添加如图 8-10 所示的动作。

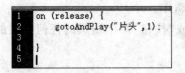

图 8-9　"重放"按钮动作　　　　　图 8-10　停止播放的帧动作

⑤ 测试"作品展示"场景，执行"控制"→"测试场景"菜单命令。

（5）保存为"带片头的图片欣赏.fla"文件，并测试影片。

（1）创建场景，有两种方法。

方法一：选择"插入"→"场景"菜单命令。

方法二：选择"窗口"→"其他面板"→"场景"菜单命令，打开场景面板，单击"添加场景"按钮。

（2）重新命名场景：打开场景面板，双击场景名称即可。

（3）复制场景：打开场景面板，单击"直接复制场景"按钮。该操作可以将所选择的场景复制生成一个新的场景。如果两个场景有相似之处，用此方法建立场景较方便。

（4）删除场景：打开场景面板，单击"删除场景"按钮。

（5）在多场景动画中，如果影片中无任何控制影片播放的动作，则按照场景的顺序依次播放。在场景面板中，通过向上或向下拖动场景名称，可以调整场景的前后顺序。

拓展任务　制作"公益活动的展示"动画

本任务是某班组织的一次公益劳动的展示，共 4 个场景，场景 1 为片头部分，标题文字以波浪字的动态效果出现，一只小鸟从蓝天飞过，右下角的花瓶为开始播放按钮；场景 2 为活动的文字介绍，以滚动字幕的形式显示；场景 3 为活动的图片展示，每张图片的切换以翻书页的逐帧动画实现；场景 4 为片尾，有制作人员名称及重放按钮，重放按钮是一个动态按钮。4 个场景效果分别如图 8-11~图 8-14 所示。

图 8-11 场景 1

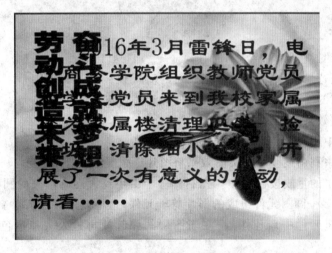

图 8-12 场景 2

图 8-13 场景 3

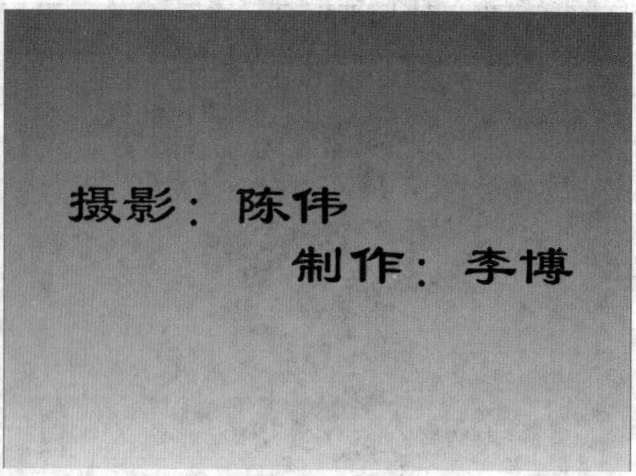

摄影: 陈伟

制作: 李博

图 8-14 场景 4

（1）场景 1 的操作如下。

① 创建渐变背景层、小鸟沿引导线飞行的动画。

② 创建动态的播放按钮，按钮元件中的弹起帧为花 1 图片。

③ 创建波浪效果的标题文字。

（2）场景 2 中用矩形作为遮罩层制作滚动字幕。

（3）场景 3 中利用逐帧翻书页的效果将图片逐张显示。

（4）场景 3 中的重放按钮制作。先制作一个由小到大逐渐消失的圆圈影片剪辑元件，然后创建一个由多个圆圈元件组成的影片剪辑元件，再将该元件插入重新播放按钮的弹起帧位置，并在按钮元件中新建图层，在新图层的弹起帧再拖入去掉白色背景的花 3 图片即可。

项目 8 小结

本项目通过两个多场景动画的练习，读者应该掌握场景的基础操作，如插入、删除、重命名等，逐步学会将复杂动画进行分场景制作的方法和思路，为今后的综合项目的创作奠定基础。

实战训练　制作"校园安全"主题片

操作要求

（1）要求创建以"校园安全"为主题的短片。

（2）主题突出，故事叙述完整，能够反映学校学习生活中与安全相关的内容。

（3）场景不能少于 4 个，相关的元件尽可能自己绘制。

项目 9

音画的欣赏

声音是 Flash 影片的点睛之笔，没有声音的 Flash 影片难免给人苍白的感觉。想要在影片中加入声音，首先要将声音文件导入文档中。本项目主要学习声音的导入、添加、编辑，视频的导入、设置，以及 Flash 影片的发布和导出。

学 习 目 标

◇ 声音的导入和设置。

◇ 视频的导入和简单设置。

◇ 影片的发布和导出。

项目任务　音画欣赏

任 务 介 绍

本任务共有 6 张图片，采用渐入渐出的显示效果，插入背景音乐，调整声音，并发布生成 EXE、SWF、HTML 及 JPG 文件。最终效果如图 9-1 所示。

图 9-1　音画欣赏效果图

（1）新建文档，设置舞台大小为 $550 \times 413px$，背景色为黑色。

（2）将素材文件夹中的 6 张图片导入元件库。

（3）在场景 1 中制作 6 张图片渐入渐出的动画效果。

① 制作"图 1"的渐入渐出动画效果。将"图层 1"更名为"图 1"，将 p1 图片拖至舞台，并利用对齐面板，将该图片相对于舞台水平、垂直居中对齐。选择该图，按 F8 键，选择"图形"类型将图片转换为图形元件。在第 50、100 帧各插一个关键帧，并将第 1、100 帧该实例的 Alpha 值都设置为 0%，分别在第 1、50 帧右击，创建补间动画，完成图片的渐入渐出动画设置。

② 制作"图 2"的渐入渐出动画效果。新建"图 2"图层，在第 60 帧插入关键帧，将 p2 图片拖至舞台，并设置该图片相对于舞台水平、垂直居中对齐。将其转换为图形元件，在第 110、160 帧各插入一个关键帧，并将第 100、160 帧该实例的 Alpha 值设置为 0%，分别在第 60、110 帧右击创建运动补间动画。

③ 制作其余 4 张图片的渐入渐出效果。方法与"图 2"相似，在时间轴上每张图片的渐入渐出的动画总长度均为 100 帧，其中渐入渐出动画各为 50 帧，且下一张图片比上一张图片的出现要错后 60 帧。具体操作可参照第二张图片的动画设置。

（4）导入并设置声音，步骤如下。

① 导入"背景音乐后面文件"。选择"文件"→"导入"→"导入到库"菜单命令，在弹出的对话框中选择该项目素材文件夹的"背景音乐.mp3"文件，选择"打开"按钮即可将该音乐导入元件库中。

② 压缩"背景音乐"文件。双击元件库中"背景音乐"前的图标，弹出"声音属性"对话框，去掉"使用导入的 MP3 品质"选项前的 √，设置压缩方法为 MP3，比特率为 16Kbps，品质为快速，单击"确定"按钮，如图 9-2 所示。

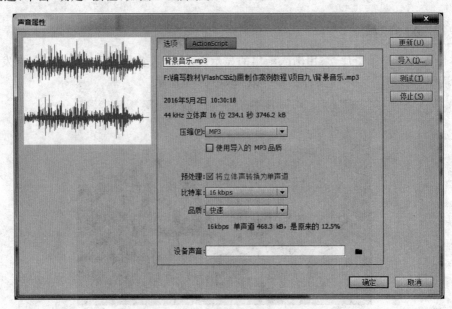

图 9-2 压缩背景音乐文件

③ 设置"背景音乐"文件。在场景1中新建一个图层,并将该图层命名为"声音",选择该图层的第1关键帧,在属性面板的"声音"下拉列表中选择"背景音乐.mp3"文件,如图9-3所示,此时在"声音"层中将出现波形,表示已将声音合并到时间轴中,如图9-4所示。

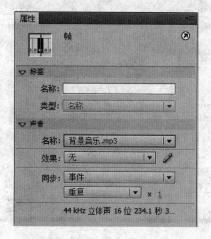

图 9-3　选择背景音乐文件

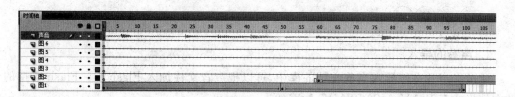

图 9-4　将背景音乐合并到时间轴

在属性面板中,将"效果"设置为"淡入",将"同步"设置为"数据流"。实现声音的渐入,且影片播放完毕,背景音乐同时停止的效果,参数设置如图9-5所示。

图 9-5　背景音乐的设置

（5）保存影片。将该影片保存为"音画欣赏.fla"文件。

（6）将影片发布生成 EXE、SWF、HTML 及 JPG 文件。选择"文件"→"发布设置"命令,打开"发布设置"对话框,选中 Flash、HTML 包装器、JPEG 图像、Win 放映文件4种类型,其余各项为默认值,如图9-6所示。单击"确定"按钮,然后选择"文件"→"发布"命令,或单击"发布设置"对话框中的"发布"按钮。此时在与"音画欣赏.fla"文件相同的目录下新生成了4个文件名相同,但扩展名不同的文件。如果希望发布生成文件的文件名各不相同,可在"发布设置"对话框的各类型所对应的文件选项中进行设置。

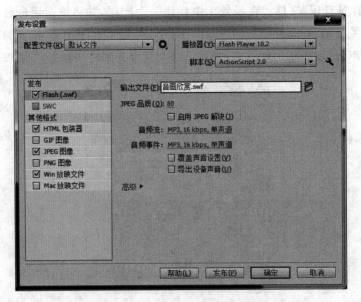

图 9-6 "发布设置"对话框

1．声音的导入

通过将声音文件导入当前文档的库中，可以把声音文件加入 Flash 中。Flash 支持的音频文件格式有 WAV、MP3、WMV、ASF 等。

2．声音的压缩

Flash 提供了对音频文件的压缩功能，合理设置压缩参数可以减小文件体积。压缩的方法是：在元件库中双击声音文件前的图标 ，或者选中库中的音频文件，单击元件库下方的"属性"按钮 ，都可以打开"声音属性"对话框，进行相应的设置。

3．声音的设置

（1）在动画中插入声音时，一般把声音独立存放在一个新建的图层中。

（2）选择声音。在声音图层中声音开始的位置插入关键帧，将声音元件从库中拖动至舞台上，或者在属性面板上单击"声音"按钮右侧的下位三角按钮，在弹出的下拉列表中选择需要的声音文件，如图 9-7 所示。此时，在时间轴上，声音的关键帧上出现了一道细线，表示此帧中使用了声音，如果其后还有普通帧，则该层呈波形。

（3）声音的属性面板。在此面板中可以设置效果、同步等。

"效果"下拉列表提供了多种声音效果，如图 9-8 所示。

图 9-7 选择声音

① 无：不使用任何声音效果。

② 左、右声道：只有左声道或右声道播放声音。

③ 向右淡出：声音从左声道切换到右声道。

④ 向左淡出：声音从右声道切换到左声道。

⑤ 淡入：随着声音的播放，音量逐渐变大。

⑥ 淡出：随着声音的播放，音量逐渐变小。

⑦ 自定义：可以利用"编辑封套"对话框自己定义声音效果。

"同步"下拉列表提供了声音是否与动画同步及循环的设置，如图9-9所示。

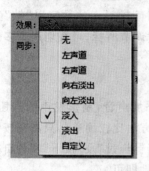

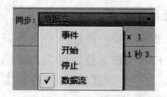

图9-8 "效果"选项　　　　　　　　　　图9-9 "同步"选项

⑧ 事件：事件触发播放形式，独立于时间轴播放，即使动画播放完毕，声音仍继续。

⑨ 开始：与"事件"选项相近，不同之处在于如果已有一个声音在播放，则不会播放该声音的实例，可有效防止同时播放多个相同的声音文件。

⑩ 停止：使选定的声音文件静音。

⑪ 数据流：即流媒体播放形式，声音与动画的播放同步。

最后可通过"重复"或"循环"的选项来设置声音文件反复播放的次数。

（4）声音的编辑。对于已使用的声音文件可以进行编辑，方法是：选择属性面板中"效果"下拉列表中的"自定义"命令或直接单击"效果"右侧的"编辑"按钮，都可以打开"编辑封套"对话框，如图9-10所示。

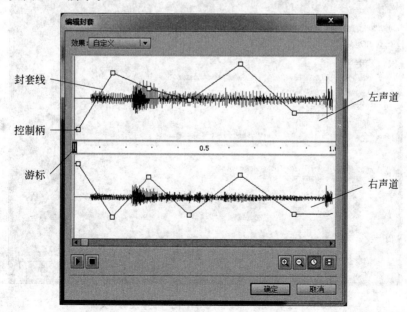

图9-10 "编辑封套"对话框

"编辑封套"对话框中上方为左声道窗口,下方为右声道窗口,每个声道窗口中都有自己独立的封套线和音量控制柄。如果要改变音量,直接拖动控制柄到合适的位置,向上拖动音量增大,反之音量减小。在封套线上单击即可增加控制柄。若要删除控制柄,将其拖至声道窗口之外即可。

左、右两个声道窗口中间有一个时间轴,如果按下"以秒显示"按钮,那么时间轴显示的数字以"秒"为单位;如果按下"以帧显示"按钮,那么时间轴显示的数字以"帧"为单位。在时间轴开始和结束的位置各有一个可移动的游标,通过调节游标,可裁切声音多余的开头和结尾。

4. 按钮添加声音

不仅能够在场景中添加声音文件,还可在按钮中添加声音,制作发声的按钮元件,例如当鼠标经过按钮及按下按钮时发出不同的声音。制作方法比较简单。只需在按钮元件编辑状态下,再添加一个声音图层,并在需要添加声音的"指针经过"及"按下"帧各自插入一个关键帧,在属性面板中,分别为这两帧选择不同的声音文件即可。

5. 视频的导入和设置

Flash 可支持的视频文件的格式有 FLV、MOV、AVI、MPG/MPEG 等。以导入"粒子流.avi"视频文件为例。

（1）选择"文件"→"导入"→"导入到库"菜单命令,打开"导入视频"向导,进入"选择视频"页面,选中"在您的计算机上"单选钮,单击"文件路径"右侧的"浏览"按钮,在"打开"对话框中选择所需的视频文件。选中"在 SWF 中嵌入 FLV 并在时间轴中播放"单选钮,如图 9-11 所示,单击"下一步"按钮。

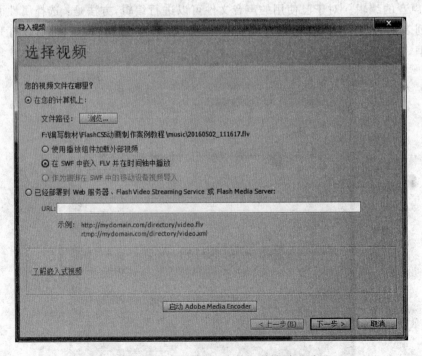

图 9-11　"导入视频"向导中的"选择视频"页面

（2）进入"嵌入"页面，设置嵌入视频文件的相关选项。这里选择默认值，如图 9-12 所示。

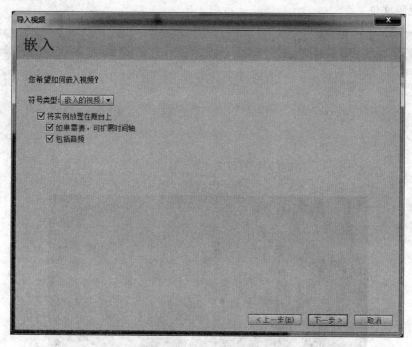

图 9-12　"导入视频"向导中的"嵌入"页面

（3）单击"下一步"按钮进入"完成视频导入"页面，单击"完成"按钮结束导入视频的过程，如图 9-13 所示。

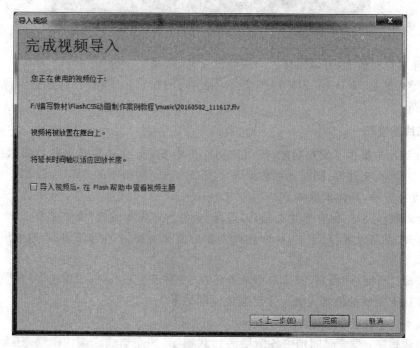

图 9-13　"导入视频"向导中的"完成视频导入"页面

（4）完成编码后自动关闭该对话框，舞台上出现了刚导入的视频文件的实例，影片文件的时间轴也自动扩展到视频播放完毕所需要的帧数，如图 9-14 和图 9-15 所示，元件库中同时添加该视频文件。

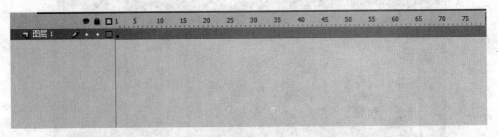

图 9-14　视频文件导入后的时间轴

图 9-15　视频文件导入后的舞台效果

（5）在属性面板上，可以为导入的视频设置宽、高及 x、y 坐标。

如果导入的是 MOV 或 FIV 视频文件，则出现的窗口是不相同的，根据实际情况进行相应的选择。

6. 影片的发布

Flash 为用户提供了发布功能，使用该功能可将 Flash 文档发布出各种图像格式文件、可执行程序、网页文件等，同时还可根据需要发布生成不同版本的 SWF、HTML 等文件。

（1）发布方法，具体步骤如下。

① 动画制作完毕，保存影片文档后，选择"文件"→"发布设置"菜单命令。

② 打开"发布设置"对话框，从中选择需要的发布类型，打开相应的选项卡进行参数设置即可。

③ 选择"文件"→"发布"菜单命令或直接在"发布设置"对话框中单击"发布"按钮。

（2）Flash 文件的发布设置。主要参数说明如下。

① 版本：可设置 Flash 动画的发布版本。

② 加载顺序：设置时间轴中各图层的加载顺序，即先加载底端的图层，还是先加载顶

端的图层。

③ ActionScript 版本：设置动作脚本的版本，有两个选项，分别是 1.0 版本和 2.0 版本。

④ 生成大小报告：选中该项，在发布动画的同时，生成一个详细的体积报告文件。

⑤ 防止导入：选中该项，可设定密码，有效地保护作品版权，防止他人导入自己的 SWF 文件。

⑥ 省略 trace 动作：选中该项，将忽略 Flash 动画中的 trace 语句。

⑦ 允许调试：选中该项，将允许发布前的调试。

⑧ 压缩影片：该项默认为选中状态，将对生成的动画进行压缩，可以缩小文件大小。

⑨ 密码：输入设定密码。

⑩ JPEG 品质：可拖动滑块调整图像的质量。数值越大，图像质量越高，但生成的文件也越大；反之，数值越小，图像质量越低，但文件也越小。

⑪ 音频流和音频事件：设置音频的压缩格式和传输速率。

⑫ 覆盖声音设置：选中该项，可以发布设置中的音频压缩方式来覆盖 Flash 文件中的声音设置。

（3）HTML 的发布设置。主要参数说明如下。

① 模板：选择要使用的模板，发布适合不同场合的 HTML 文件。

② 尺寸：设置插入 HTML 文件中的动画影片的尺寸大小。

③ 回放：用来控制 SWF 文件的播放。

④ 品质：设置动画的播放质量。

⑤ 窗口模式：设置显示动画的窗口模式。其中的"透明无窗"模式可以创建背景透明的 Flash 动画。

⑥ HTML 对齐：设置动画的对齐方式。

（4）GIF 的发布设置。主要参数说明如下。

① 尺寸：在不选中"匹配影片"选项时，可指定导出图像的宽和高。

② 回放：指定发布生成 GIF 是静态的图像文件，还是动态的动画文件。

③ 选项：用来设置生成的 GIF 文档的颜色和图像显示方式。

④ 抖动：用来指定抖动方式。

⑤ 调色板类型：用来指定 GIF 文档使用的调色板类型。

7. 影片的导出

选择"文件"→"导出"→"导出图像"或"导出影片"菜单命令，可以将 Flash 影片中当前所选择的帧导出为 JPG、BMP、GIF 等多种格式的图像文件，也可以将整个影片导出为 AVI、MOV 等多种格式的影片文件。

拓展任务　视频的控制播放

导入一个名为"粒子流.avi"的视频文件，并且为其创作一个电视窗口形式的外框，底部

的两个按钮分别用来控制影片的播放和暂停,这两个按钮是有声按钮,当鼠标经过和按下鼠标时会发出不同的声音,最后发布生成 SWF、EXE、PNG 格式的文件。最终效果如图 9-16 所示。

图 9-16　视频的控制播放效果图

操 作 提 示

（1）导入素材文件夹中的视频文件"粒子流. avi"及两个声音文件。

（2）在视频图层的下方新建图层,为舞台中的视频实例绘制电视窗口的边框。可用绘制两个大小不同,填充渐变色相相反的圆角矩形的方法制作有立体感的窗口效果。

（3）新建带声音的"播放"按钮元件,时间轴及按钮效果如图 9-17 所示。"按钮指针"经过的声音为素材文件夹中的 notify. wav 文件;"弹起"的声音为 chimes. wav 文件。

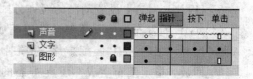

（4）在元件库中复制"播放"按钮元件,并进行编辑修改成"暂停"按钮。

图 9-17　播放按钮元件

（5）新建"按钮"图层,将两个按钮拖动至舞台合适的位置,并在按钮实例上分别添加如图 9-18 所示的代码。

```
1  on (release) {
2      play();
3  }
4
```

```
1  on (release) {
2      stop();
3  }
4
```

图 9-18　"播放"及"暂停"按钮的脚本代码

（6）保存文档,并发布生成 SWF、EXE、PNG 文件。

本项目主要讲解如何导入声音及视频文件,如何发布和导出 Flash 动画。要求读者熟

练掌握声音和视频的导入及其简单设置,能够掌握影片发布前的主要参数的设置。

实战训练 制作"请勿酒后驾车"动画

效果如图 9-19 所示。

图 9-19 请勿酒后驾车效果图

根据下列要求,为无声的素材文件"请勿酒后驾车"动画的部分画面添加"声音素材.fla"文件中的各种声音。

(1) 第一场景中添加"声音1"和"刹车声","声音1"为鸟叫声,要注意插入的声音及位置要与动画场面相符合。

(2) 第一场景中添加"声音2",即汽车行驶的声音,可适当进行声音的编辑,设置渐入渐出效果。

(3) 第三场景中添加"声音2"和"碰撞声"。

(4) 保存文件,并发布生成 EXE、SWF 格式的文件。

项目 10

制作网络广告

Flash 广告目前是应用最多,最流行的网络广告形式。很多电视广告也采用 Flash 进行设计制作,Flash 以独特的技术和特殊的艺术表现,给人们带来了特殊的视觉感受。

◇ 了解广告动画的设计知识。

◇ 掌握风吹字特效文字的制作技巧。

◇ 学会运用网格操作来进行矢量图的绘制。

网络广告是指利用多媒体技术手段制作并以互联网为传播媒体的广告形式。

1. 网络广告的类型

网络广告的类型有文字链接广告和图形广告。

文字链接广告就是在投放广告的网页上以纯文字形式描述,读者如果感兴趣,单击链接就会进入要宣传的网站。

图形广告则是用图形元素表现的广告,为了便于在不同的网站投放,会设置一些标准的尺寸。例如,对于最常见的横幅旗帜广告,根据国际互联网广告协会制定的非强制性标准,旗帜广告的尺寸标准为 $468 \times 60px$。当然也可以根据网页的版面情况和客户的具体要求设置不同的尺寸。

2. 网络广告的特点

网络广告的特点主要体现在以下几个方面。

(1)不受时间和地域限制:它可以 24 小时不间断地挂在网站上,而且全世界能够上网的人都能够浏览到这些广告。

(2)具有交互性:在网络广告这种形式中,信息传播是交互的,可以直接填写并提交在线表单信息,广告主也可以随时得到用户的反馈信息。

(3)可以跟踪、衡量广告效果:对于传统广告,衡量广告的效果是非常困难的事情,因为广告主很难了解传统媒体的发行量；而在网络广告中，网络广告商通过监视广告的浏览量、点击率等指标，就能够精确统计出广告的效果。

3. 网络广告的设计原则

广告设计最重要的是创意。所谓创意就是具有独创性。网络广告通常是设置于一个网页中的，网络广告是否成功，很大程度上取决于是否引人注目，是否具有鲜明的特征，是否能引起人们强烈的兴趣。

广告设计的第二个原则是实效性。也就是说设计时，要做到在显示很少信息量的前提下，具有很高的表达效率，能够被大众理解和接受。广告的内容清晰简明并有号召力，不但向来访者提供产品或服务介绍，也同时提供其他有价值的信息。

项目任务　制作包头轻工职业技术学院广告条

进入包头轻工职业技术学院主页，就会被一条横幅广告所吸引，背景为蓝天白云，右侧有一双手托起转动的地球，闪动的光线左右晃动，"包头轻工职业技术学院"采用风吹文字效果慢慢飘入，自行设计的校标不停旋转，最终效果如图10-1所示。

图10-1　广告条效果图

首先导入一幅蓝天白云的图片作为背景，然后分别制作地球转动、闪动的光线、采用风吹文字效果的校名、旋转的校标、闪光的网址5个影片剪辑，再将5个影片剪辑分别拖动至场景中的不同图层中，最后适当调整其位置，观察动画效果。

（1）新建 Flash 文件。选择"修改"→"文档"菜单命令，在打开"文档属性"对话框中，设置舞台大小为766×135px，背景色为黑色，帧频为12fps，然后单击"确定"按钮。

（2）导入图片。将素材库中的 back.jpg、map.jpg 图片导入元件库中。

（3）建立背景。在场景1中双击图层1，重新命名为"背景"，将元件库中的 back.jpg 图片拖至"背景"层的第1帧。

（4）制作闪动光线的动画，步骤如下。

① 建立"线"图形元件。选择"插入"→"新建元件"菜单命令，打开"创建新元件"对话框，类型为"图形"，名称为"线"。选择"修改"→"文档"菜单命令，打开"文档属性"对话框，将

背景颜色设置为"黑色"。选择矩形工具,笔触颜色设为"无",填充色设为"白色",在舞台中间绘制一个长矩形条,宽为 14px,高为 140px。

② 建立"线动 1"影片剪辑。选择"插入"→"新建元件"菜单命令,打开"创建新元件"对话框,类型为"影片剪辑",名称为"线动 1"。将"线"图形元件拖至图层 1 的第 1 帧居中放置,选中图形并设置 Alpha 值为 18%,在第 30 帧按 F6 键插入关键帧,将图形向右移动。在第 1~30 帧任意位置右击选择"创建补间动画"命令。

③ 建立"线动 2"影片剪辑。选择"插入"→"新建元件"菜单命令,打开"创建新元件"对话框,类型为"影片剪辑",名称为"线动 2"。将"线"图形元件拖至图层 1 的第 1 帧居中放置,选中图形并设置 Alpha 值为 18%,在第 30 帧按 F6 键插入关键帧,将图形向左移动。在第 1~30 帧任意位置右击选择"创建补间动画"命令。

④ 在场景 1 中,新建图层 2,双击重新命名为"光线"。将元件库中"线动 1"拖至第 1 帧,在舞台的左边放两根。将元件库中"线动 2"拖至第 1 帧,在舞台的右边放两根,将其中一根适当变细,如图 10-2 所示。

图 10-2 闪动光线影片剪辑在舞台上的位置

(5) 制作旋转的地球影片剪辑,步骤如下。

① 新建 ball 图形元件。选择"插入"→"新建元件"菜单命令,建立一个 ball 图形元件。选择椭圆工具,绘制一个圆形,颜色填充为"蓝黑"渐变,填充类型为"放射状",作为地球。

② 建立转动的地球影片剪辑,如图 10-3 所示。

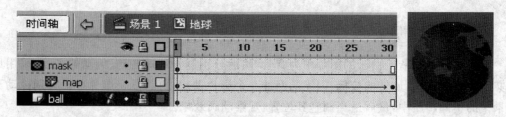

图 10-3 地球影片剪辑

- 双击图层 1 更名为 ball,将 ball 图形元件拖至第 1 帧,在第 30 帧右击选择"插入帧"命令。
- 新建图层并更名为 map,将 map 图片拖至第 1 帧,选择"修改"→"位图"→"转换位图为矢量图"菜单命令,设置阈值为 80。用选择工具选中白色背景并按 Delete 键将其删除,同时将地图移至地球左侧。在第 30 帧右击选择"插入关键帧"命令,将地图移至地球右侧。在第 1~30 帧右击创建补间动画。
- 新建 mask 图层。选中 ball 图层第 1~30 帧右击选择"复制帧"命令,在 mask 的第 1 帧右击选择"粘贴帧"命令。在 mask 处右击选择"遮罩层"命令。
- 在场景 1 中,新建"地球"图层,将元件库中"转动的地球"影片剪辑拖动至场景中的适当位置。

（6）制作风吹字效果的校名动画，步骤如下。

① 建立"包"图形元件。选择"插入"→"新建元件"菜单命令，打开"创建新元件"对话框，类型为"图形"，名称为"包"。

② 选择文字工具，设置字体为"华文行楷"，大小为50，颜色为"黄色"，在舞台中间输入"包"。

③ 在元件库中选择"包"图形元件右击选择"直接复制"命令，在弹出的对话框中，输入名称为"头"，单击"确定"按钮。双击"头"图形元件，进入编辑状态，双击文字并修改成"头"。

④ 其余文字采取同样的方法，完成"职""业""信""息""技""术""学""院"图形元件的建立。

⑤ 选择"插入"→"新建元件"菜单命令，打开"创建新元件"对话框，类型为"影片剪辑"，名称为"校名动画"。

⑥ 双击图层1重新命名为"包"，将元件库中"包"图形元件拖至第2帧，位于广告条上边缘，在第20帧按F6键插入关键帧，将图形元件移动中舞台中左侧。选中第2帧图形元件，Alpha设置为0%，选择自动旋转，在第1～20帧右击创建补间动画。

⑦ 新建图层2并双击重新命名为"头"，将元件库中"头"图形元件拖至第5帧，位于广告条上边缘"包"字的右侧，在第24帧按F6键插入关键帧，将图形元件移动中舞台"包"字右侧。Alpha设置为0%，选择自动旋转，在第5～24帧右击创建补间动画。

⑧ 采取同样的方法，接着分别建立"轻""工""职""业""技""术""学""院"图层的动画，时间轴如图10-4所示。

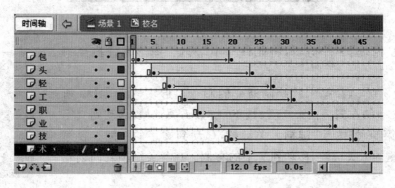

图10-4　校名动画影片剪辑时间轴

⑨ 在场景1中，新建"校名动画"图层，将元件库中"校名动画"影片剪辑拖至场景中，放置位置如效果图10-1所示。

（7）制作校标动画，步骤如下。

① 建立"校标"图形元件。选择"插入"→"新建元件"菜单命令，打开"创建新元件"对话框，类型为"图形"，名称为"校标"。

② 选择绘制工具绘制如图10-5所示的图形。可运用网格来进行操作。

③ 建立"校标动画"影片剪辑。选择"插入"→"新建元件"菜单命令，打开"创建新元件"对话框，类型为"影片剪辑"，名称为"校标动画"。

④ 将元件库中"校标"图形元件拖至第1帧，在第10、20帧分别按F6键插入关键帧，选

中第 10 关键帧的图形，设置其宽为 6，高不变，在第 1～10 帧和第 10～20 帧任意位置分别右击创建补间动画，如图 10-6 所示。

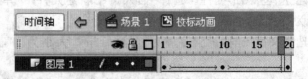

图 10-5　校标图形　　　　　　　　　图 10-6　校标动画时间轴

⑤ 在场景 1 中，新建"校标动画"图层，将元件库中"校标动画"影片剪辑拖至场景中，放置于标题的左侧。

（8）建立网址动画，如图 10-7 所示。

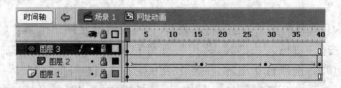

图 10-7　网址动画影片剪辑

① 新建"网址"图形元件，输入大小适当的文字 www.btqy.com.cn，如图 10-8 所示。

www.btqy.com.cn

图 10-8　网址文字

② 新建"网址"影片剪辑，将元件库中"网址"图形元件拖至第 1 帧。

③ 新建图层 2，在第 1 帧绘制渐变的彩色矩形块，如图 10-9 所示，放置于文字的左侧。在第 15 帧按 F6 键插入关键帧，移动到文字的右侧。在第 30 帧按 F6 键插入关键帧，移动到文字的中间。在第 40 帧按 F6 键插入关键帧，移动到文字的右侧。在各关键帧之间创建补间动画。

④ 选中图层 1 第 1 帧的文字，复制并粘贴到图层 3 的第 1 帧，在　　图 10-9　彩色矩形块
图层 3 处右击，选择"遮罩层"命令。

⑤ 在场景 1 中，新建"网址动画"图层，将元件库中"网址动画"影片剪辑拖至场景中。

（9）保存文件并测试动画效果。

1. 风吹文字效果的制作可运用图层文件夹及"分离到图层"命令

图层文件夹：用于存储图层，便于图层归类。用鼠标拖动图层到图层文件夹上可将图层放入图层文件夹中，单击图层文件夹前的 ▷ 按钮将打开文件夹，单击图层文件夹前的 ▽ 按钮将关闭文件夹。

"分离到图层"命令：执行"修改"→"分离到图层"菜单命令，可为所选对象重新分配图层。若选择多个对象，执行该命令后，系统会自动为每个对象分配一个图层。

2．绘制校标图形时可运用网格来进行操作

网格的作用是在舞台上显示标点，当绘制、缩放和移动图形时，可以使图形自动贴齐网格线。执行"查看"→"网格"菜单命令，弹出网格子菜单，可进行显示网格、对齐网格和编辑网格操作。

拓展任务　制作 iPod 广告

在动感的音乐旋律下欣赏美丽的广告图片，音乐可以陶冶情操，让人心情愉快。

（1）新建 Flash 文件。选择"修改"→"文档"菜单命令，在打开"文档属性"对话框中，设置舞台大小为 533×400px，背景色为黑色，帧频为 12fps，然后单击"确定"按钮。

（2）新建"特效"影片剪辑。步骤如下。

① 在"特效"影片剪辑中，新建 a1～a19 图层。

② 制作一个与舞台大小相同的白色矩形的图形元件，将其拖至 a19 图层的第 1 帧，在第 22 帧按 F6 键插入关键帧，设置 Alpha 为 0%，制作出由白逐渐变黑的渐变效果，如图 10-10 所示。

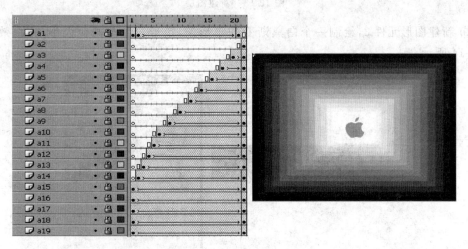

图 10-10　添加关键帧及效果图

③ 在 a18、a17、a16、a15 四个图层的第 1 帧，分别插入关键帧，并将其矩形大小依次缩小。a18 图层第 1 帧的关键帧效果如图 10-11 所示。

④ a14 图层在第 2 帧插入关键帧，a12 图层在第 4 帧插入关键帧，a14～a2 图层插入的关键帧相隔 1～2 帧，呈阶梯状分布。

⑤ a19～a2 图层在第 22 帧插入关键帧,Alpha 设置为 0%,制作出由白逐渐变黑的渐变效果。

⑥ 将素材库中所有图片导入元件库中,以备使用。

⑦ 在 a1 图层的第 1 帧插入空白关键帧,将 apple 图形元件拖至此处,如图 10-12 所示。在第 21 帧插入关键帧,将其缩小到很小,在第 1～21 帧创建运动补间动画,产生出由大逐渐变小的动画效果,在第 22 帧插入普通帧。

图 10-11　a18 图层第 1 帧效果图

图 10-12　apple 图形元件

⑧ 在"特效"影片剪辑中,新建 b1～b6 图层,效果如图 10-13 所示。

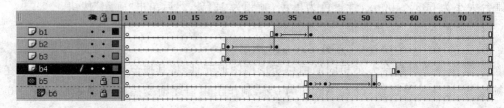

图 10-13　新建图层

⑨ 新建图形元件 3,绘制一个白黑渐变的矩形条,矩形宽度与舞台大小一致,效果如图 10-14 所示。

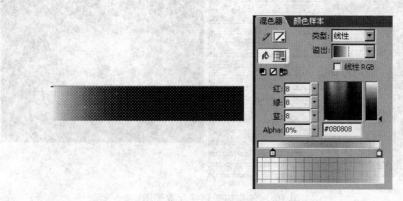

图 10-14　矩形条渐变色的设置

⑩ 新建图形元件 1,将导入的图片进行简单处理,效果如图 10-15 所示。

⑪ 在 b3 图层的第 22 帧将图形元件 1 拖至舞台左下角并等比例缩小至与图形元件 3 矩形条高度一致。在 b2 图层的第 22 帧将图形元件 3 拖至舞台外右下角处,在第 32 帧插入关键帧,平移图形元件 3 至舞台下方,在 b2 图层的第 22～32 帧创建运动补间动画。在 b1

图层的第 32 帧将图形元件 3 拖至舞台左上方，并将其元件垂直旋转 90°。在第 39 帧插入关键帧，垂直向下移动图形元件 3 至舞台下方，在 b1 图层的第 32～39 帧创建运动补间动画，如图 10-16 所示。

图 10-15　图形元件 1 的效果　　　　　　图 10-16　图形元件 3 遮罩效果动画

⑫ 在 b6 图层第 39 帧将图形元件 1 拖至舞台中央与舞台大小一致。在 b5 图层第 39 帧插入空白关键帧，复制 b3 图层的第 22 帧关键帧至 b5 图层第 39 帧，在 b5 图层的第 52 帧插入关键帧，并将其图形元件放大与舞台大小一致，在第 39～52 帧创建补间动画，产生由小逐渐变大的效果，在 b2 图层处右击选择"遮罩层"命令，效果如图 11-16 所示。

⑬ 新建元件 2 影片剪辑，将元件库中的图片拖至 1 图层的第 1 帧并适当处理，如图 10-17 所示。将元件 2 影片剪辑拖至 b4 图层的第 22 帧。

图 10-17　元件 2 影片剪辑

⑭ 新建元件，命名为"元件 2"，如图 10-18 所示。

⑮ 用元件 2 遮罩元件 9 制作出动画笔擦的效果，其中 c2、c4、c6、c8、c10 中用的图片是元件 2；c3、c5、c7、c9 中用的图片是元件 9，如图 10-19 所示。用元件 2 从右上角到左下角做动画笔擦的效果，然后由左下角到右上角做动画笔擦的效果，以此循环直到填满整个屏幕，时间轴和效果图如图 10-20 所示。

图 10-18　元件 2 图形元件　　　　　　图 10-19　元件 9 背景人物

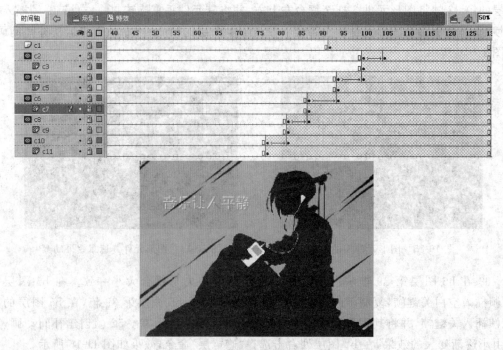

图 10-20 动画完成时间轴和效果图

⑯ 其中 c1 图层中加入一个影片剪辑,制作过程同步骤⑬,具体帧数如图 10-21 所示。

图 10-21 元件 3 影片剪辑

⑰ 新建元件 10,如图 10-22 所示。新建一个元件 14,在元件 14 中绘制一个矩形,宽为 400px,高为 533px,如图 10-23 所示。

图 10-22 元件 10   图 10-23 元件 14 绘制的图片样式

⑱ 用元件 14 遮罩元件 10,制作出从两个顶角显示出背景图片的动画效果。其中 d2 和 d4 中用的是元件 14,d3 和 d5 中用的是背景图片元件 10,d1 中用的是影片剪辑元件 4,其制

作方法同影片剪辑元件 2 和影片剪辑元件 3 一样,具体设置如图 10-24 和图 10-25 所示。

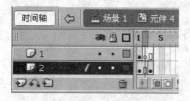

图 10-24　具体帧数设置

图 10-25　影片剪辑元件 4

⑲ 将元件 10 剪切成两部分,大小与元件 14 相同,剪切的最后结果如图 10-26 所示。将图片 1 和图片 2 分别转换为元件 15 和元件 16。

图 10-26　元件 10 剪切之后的效果图

⑳ 用新剪切的两个元件,即元件 15 和元件 16,制作前一个效果的反向化。打开之后显示的背景图片为元件 8,其中 e1 和 e2 中所用图片为刚才所截得的图片 1 和图片 2,e3 中用的同前面影片剪辑一样,具体设置如图 10-27 所示。

图 10-27　元件 5 影片剪辑

本项目通过包头轻工职业技术学院广告条和 iPod 广告的制作,介绍了制作广告动画的基本技能,掌握图片的导入方法,运用图层文件夹及"分离到图层"命令学会制作风吹字动画,借助网络操作来进行矢量图的绘制,熟练掌握遮罩动画在广告制作中的灵活运用。

实战训练　制作"班级网站"广告条

操 作 要 求

为班级网站制作广告条,要求具备以下元素。

(1) 校名、班级名称。

(2) 为班级设计徽标。

(3) 设计具有班级特色的背景图。

(4) 动画效果可自行创意。

项目 11

宣传片的制作

Flash 动画通常像我们看到的广告片段一样，它可以通过文字、图片、录像、声音等综合手段形象地体现一个意图。一般利用它来制作公司形象、产品宣传等片段，可以达到非常好的效果。Flash 动画是一种矢量动画格式，具有体积小、兼容性好、直观、动感、互动性强大、支持 MP3 音乐等诸多优点，是当今最流行的 Web 页面动画格式。

◇ 了解网络宣传片的设计知识。
◇ 掌握时间轴特效的设置与制作。

1. 宣传片内容的收集与整理

利用数码相机或摄像机，拍摄照片收集图片素材，可在宣传片中提供丰富而有效的信息，吸引访问者的目光，提高作品的欣赏性。

2. 宣传片色彩与风格的确定

一个优秀的作品，色彩的选择是非常重要的，只有协调运用颜色的比例，才能制作出精美的作品，给人以美的享受。作品风格是影响视觉感受的重要因素，通过灵活运用 Flash 技巧，设计具有独创风格的作品，才能给人以视觉上的冲击。

项目任务 制作旅游宣传片

想向他人介绍某地旅游的最好办法就是给其做一个宣传片，引人入胜的动画，精美的图片，可以让浏览者更好地看到城市的美丽景观，更生动地表现城市的美丽景色，最终效果如图 11-1 所示。

图 11-1　旅游宣传片最终效果图

---**思路分析**---

首先本作品以灰色为主体背景,然后分别制作"北京"2 字的电影文字、渐进的 travel 文字效果、两只跳跃而出的海豚和一些横线修饰,还有主要的风景图片,最后适当调整其各自的位置,观察动画效果。

---**操作步骤**---

(1) 新建 Flash 文件。选择"修改"→"文档"菜单命令,在打开"文档属性"对话框中,设置舞台大小为 550×400px,背景为灰色(♯999999),帧频为 12fps,然后单击"确定"按钮。

(2) 导入图片。将素材库中的 31.jpg 图片导入元件库中。

(3) 把图片 31 转化为矢量图,再利用转化好的矢量图制作出如图 11-2 和图 11-3 所示的效果,保存为元件 2 和元件 3。

图 11-2　图片 31 制作出的效果图元件 2　　　　图 11-3　图片 31 制作出的效果图元件 3

（4）在场景 1 中创建一个名为"鱼"的图层，添加元件 2，在第 30 帧插入关键帧，设置 Alpha 值从 0％～120％，创建补间动画。用同样的方法在新图层"鱼 1"中添加元件 3，在第 15～40 帧创建渐变的动画，具体帧数如图 11-4 所示。

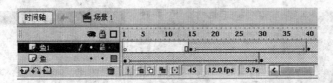

图 11-4 具体关键帧的设置

（5）新建影片剪辑，在图层 1 中用文本工具输入"北京"两个字，之后新建图层 2 用所给的素材在后面制作垂直移动的动画。之后用文字遮罩后面的背景图片，保存为元件 5。具体帧数设置和完成效果图如图 11-5 所示。

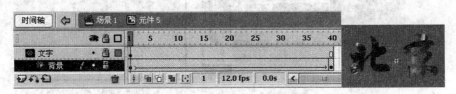

图 11-5 元件 5 具体帧数设置

（6）回到场景 1 中，新建图层 1，添加元件 5，在第 40 帧插入关键帧，在第 65 帧插入关键帧，当在第 40 帧将文字放在场景外面，在第 60 帧将文字移动到场景中间，创建补间动画，完成效图如图 11-6 所示。

图 11-6 文字最终移动位置

（7）新建图形元件 6，用文本工具输入 travel，在属性面板中单击 <img> 按钮，添加投影、发光、斜角、渐变发光、渐变斜角滤镜效果。

（8）返回场景 1，在场景中新建图层 2，插入元件 6 将文字放在"北京"的右边，在第 65 帧和第 75 帧插入关键帧，设置第 65 帧的 Alpha 值为 0％，第 75 帧的 Alpha 值为 120％，创建补间动画。新建图形元件 7，在其中画三条横线。同样在第 65 帧和第 75 帧分别插入关键帧，设置第 65 帧的 Alpha 值为 0％，第 75 帧的 Alpha 值为 120％，创建补间动画，完成效果图如图 11-7 所示。

图 11-7 文字最终完成效果图

（9）复制 travel 文字帧，在图层 2 的第 75 帧右击，选择"粘贴帧"命令，然后选中文字，右击，选择"时间轴特效"→"效果"→"模糊"菜单命令，调整好其中参数后单击"确定"按钮，时间轴特效位置和版面如图 11-8 所示。

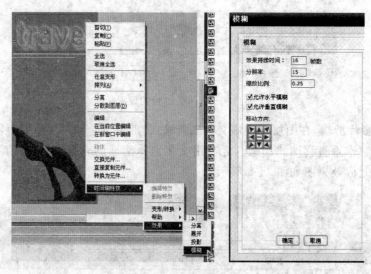

图 11-8　时间轴特效

（10）新建图层，用矩形工具 绘制一个大小为 440×2124px 的无边线矩形，将该图层命名为图层 9。新建图层，调整图层位置，将新图层放在图层 9 下面，在新图层中加入 3 张北京的风景图片作为背景，命名为风景 1。用图层 9 遮罩风景 1，制作从中间打开的效果，在图层 9 的第 76 帧插入关键帧，在图层的第 120 帧加入关键帧。创建形状补间动画。具体图像如图 11-9 所示，具体帧数设置如图 11-10 所示。

 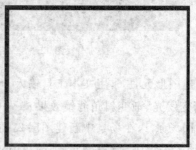

(a) 图层9和风景1在第76帧的效果　　　(b) 图层9和风景1在第120帧的效果

图 11-9　图层 9 和风景 1 在两处关键帧的样子

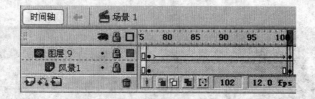

图 11-10　图层 9 的帧数设置

（11）复制风景 1 图层，将其命名为风景 2，在第 120 帧插入关键帧，设置 Alpha 值为 120%，在第 140 帧插入关键帧，设置 Alpha 值为 0%。新建图层，插入 3 张北京风景图片作为背景，将其命名为风景 3，在第 120 帧插入关键帧，设置 Alpha 值为 0%，在第 140 帧插入关键帧，设置 Alpha 值为 120%。最后效果如图 11-11 所示。

图 11-11　风景 3 图层最终效果图

（12）将风景 3 图层中的每张图片逐个选中，之后用每张图片制作出单独的影片剪辑，在图片上右击，选择"时间轴特效"中的"分离"效果。制作 3 个影片剪辑元件，分别将其命名为"元件 11""元件 12""元件 13"。返回场景 1 新建风景 4 图层，在第 120 帧插入关键帧，在第 135 帧插入关键帧。新建风景 5 图层，在第 120 帧插入关键帧，设置 Alpha 值为 0%，在第 130 帧插入关键帧，设置 Alpha 值为 120%，创建补间动画。然后在第 145 帧插入帧。复制风景 5 图层，将复制图层命名为风景 6，在第 145 帧插入关键帧，设置 Alpha 值为 120%，在第 160 帧插入关键帧，设置 Alpha 值为 0%，具体关键帧设置如图 11-12 所示。

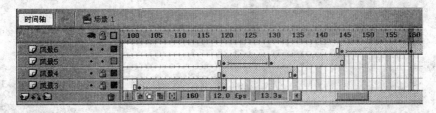

图 11-12　风景 3 至风景 6 的具体帧数设置

（13）新建元件 16，插入图片 4 之后返回场景 1 中新建图层，将其命名为"标志"，创建引导层，绘制一条曲线，引导元件 16，具体帧数设置如图 11-13 所示。

图 11-13　引导动画具体帧数设置

（14）保存文件并测试影片。

1. 认识时间轴特效

在 Flash 中，选择"插入"→"时间轴特效"菜单命令，可以看到 Flash 内建的时间轴特效，共有 3 种类型：变形/转换、帮助、效果。在 Flash 影片中添加时间轴特效时，必须先在舞台上选中要添加时间轴特效的对象，然后选择"插入"→"时间轴特效"菜单命令，将具体的某种类型时间轴特效添加到这个对象上，如图 11-14 所示。

2. 时间轴特效设置

Flash 内置了 4 种时间轴特效，每种时间轴特效都以一种特定方式处理图形或元件，并允许更改所需特效的个别参数。在预览窗口中，可以变更参数设置，还可以快速查看所做的更改效果。

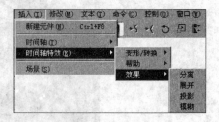

图 11-14　时间轴特效

拓展任务　制作民俗风情宣传片

以北京民俗风情为主题，一只小鸟沿轨迹运动，引出民族风情特效文字，浏览民俗风情图片，最终效果如图 11-15 所示。

图 11-15　民族风情宣传片效果图

（1）新建 Flash 文件。选择"修改"→"文档"菜单命令，在打开的"文档属性"对话框中，设置舞台大小为 450×300px，背景颜色为♯003300，帧频为 12fps，然后单击"确定"按钮。

（2）导入图片。将素材库中的图片导入元件库中。

（3）新建背景层。选择"插入"→"新建元件"菜单命令，打开"创建新元件"对话框，类型为"图形"，名称为 bj。把导入的图片拖动至舞台中，再按两次 Ctrl＋B 组合键使其打散，如图 11-16 所示。

图 11-16　bj 显示图

返回场景，新建图层，名称改为"背景"，把创建好的 bj 图形拖入舞台中，在第 130 帧右击选择"插入帧"命令。在第 24、50 帧适当调整 Alpha 值。

（4）建立 n1 图形元件和 n2 图形元件，如图 11-17 所示。

(a) n1图形元件　　　　　　　　　(b) n2图形元件

图 11-17　n1 图形元件和 n2 图形元件

返回场景，新建图层，名称改为 n1，把新建的 n1 图形元件拖至舞台中，在第 20 帧插入帧，在第 21 帧插入关键帧，在第 50 帧插入关键帧，在第 21～50 帧任意位置右击，创建补间动画，在属性面板中选择"形变"。在第 51 帧插入关键帧，在第 80 帧插入关键帧，图片放其最右端，在第 51～80 帧任意位置右击，创建补间动画。在第 105 帧插入帧，在第 106 帧插入关键帧，在第 130 帧插入关键帧，将其图片放在舞台的最左边，在第 106～130 帧任意位置右击，创建补间动画。在第 139、145、150 帧插入关键帧再适当调整位置。在第 240 帧插入帧。

新建引导层，在第 106 帧使用铅笔工具画出轨迹，在第 149 帧插入帧。

新建图层，名称改为 n2，把创建好的 n2 图形拖至舞台中，在第 130 帧插入帧。效果如图 11-18 所示。

图 11-18 效果图

（5）按照图 11-19 所示，制作 wx2 影片剪辑。

图 11-19 wx2 影片剪辑显示图

返回场景，新建"字"图层，在第 50 帧插入关键帧，并把 wx2 影片剪辑拖至舞台中，位置在其舞台最左端。在第 80 帧插入关键帧并将其拖至最右端。在第 93 帧插入关键帧将其拖至中间位置。在第 105 帧插入关键帧。在第 130 帧插入关键帧，使用工具栏上的文本工具，输入"民俗风情"，任选颜色，位置在舞台外。在第 150 帧插入关键帧，位置为左边偏下，创建补间动画。在第 240 帧插入帧。效果如图 11-20 所示。

（6）制作遮罩效果 1。新建图层，在第 150 帧插入关键帧，选择几张图片，拖至舞台中。在第 200 帧插入帧。新建 p3 图形元件，如图 11-21 所示。新建图层，在第 150 帧插入关键帧，把创建好的 p3 图形元件拖至舞台中。在第 200 帧插入关键帧，在第 150～200 帧创建补间动画，并在属性面板中选择"形变"，在图层上右击选择"遮罩"命令，效果如图 11-22 所示。

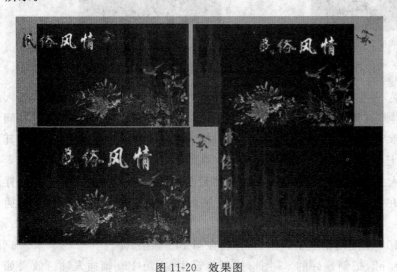

图 11-20 效果图   图 11-21 p3 图形元件

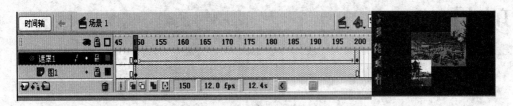

图 11-22　步骤及效果图

（7）制作遮罩效果 2。新建图层，在第 201 帧插入关键帧，选择几张图片，拖至舞台中。在第 240 帧插入帧。新建图层，把创建好的 p3 图形元件拖至舞台中，使其放大到场景大小，在第 240 帧插入关键帧，并创建补间动画。在图层上右击选择"遮罩"命令，效果如图 11-23 所示。

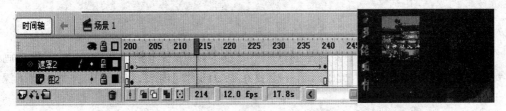

图 11-23　步骤及效果图

本项目通过旅游宣传片和民俗风情宣传片的制作，介绍了制作宣传片的基本技能，认识时间轴特效，熟练掌握时间轴特效的制作方法在宣传片制作中的灵活运用。

实战训练　制作班级文化建设宣传片

收集班级建设的图片和文字资料素材，制作班级文化建设宣传片，要求运用时间轴特效动画效果。

项目 12

电子贺卡的制作

制作 Flash 电子贺卡最重要的是创意而不是技术,由于贺卡情节非常简单,不像动画短片要有一条完整的故事线,因此设计者一定要在很短的时间内表达出意图,并给人留下深刻的印象。

◇ 了解电子贺卡设计知识。
◇ 掌握电子贺卡制作的一般步骤和方法。
◇ 掌握帧标签、影片剪辑在舞台中的实例命名。

1. 电子贺卡的特点

与传统贺卡相比,电子贺卡具有声情并茂、发送快捷、可交互和节省费用的特点,因此受到很多人的喜爱。电子贺卡是联系人与人之间感情的媒介物,是表达亲情、友情、乡情等情感的一种常见方式。贺卡可分为节日贺卡、生日贺卡、友情贺卡等种类。在贺卡设计上要有创意,使用精美的图片以及动人的音乐元素为感情的表现与传递服务。

2. 电子贺卡基本设计思想

在电子贺卡设计思想上,要考虑不同类型的贺卡所需表现的元素和故事情节,对于元素和整个贺卡场景的色彩搭配需要一定的构思。节日贺卡可以传统民间习俗为依据,如春节用红色突出喜庆氛围,圣诞节用圣诞老人、雪和绿色突出节日的特点。用不同色彩搭配可以表现温馨、浪漫等不同的感情,在表现手法上可采用不同风格的绘制手法来体现不同类型贺卡的特点,适当添加一些点缀用的动画元素,可增加视觉效果。

3. 电子贺卡设计与制作过程

确定贺卡主题与内容,确定贺卡的结构和创意,收集整理素材,绘制贺卡中的元素,制作动态贺词效果,组织并完善贺卡。

项目任务 制作教师节贺卡

每当教师节来临时,学生们都会以各种形式送上对教师的祝福,一张电子贺卡更加可以表达自己美好的祝福和心意。

在制作贺卡前,应先根据教师节贺卡的主题确定整体的风格,本贺卡选用了温馨的风格,然后根据该风格选择影片的主色调,再开始制作,效果如图 12-1 所示。

图 12-1 效果图

(1)新建文档,设置舞台大小为 500×400px,背景色为红色。

(2)图层 1 改名为"黑框",延长该图层显示到第 300 帧,舞台中间绘制一个能将舞台显示出来的环形黑框,如图 12-2 所示。

(3)创建"闪烁的星光"图形元件。绘制一个白色半透明的星光图形,如图 12-3 所示。

图 12-2 黑框

图 12-3 星光图形

（4）选中星光图形，按 F8 键，将其转换为图形元件"闪烁的星光"，如图 12-4 所示。

图 12-4　转换为"闪烁的星光"图形元件

（5）将第 5、10 帧转换为关键帧，然后通过属性面板将第 1、10 帧中元件的透明度修改为 30％。在第 1～5 帧和第 5～10 帧创建补间动画，这样就得到了星光闪烁的动画效果，如图 12-5 所示。

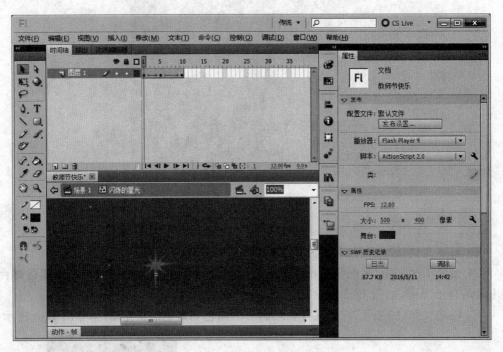

图 12-5　星光闪烁动画效果

（6）创建一个新的影片剪辑"花瓣"，然后在该元件中绘制出一个白色半透明的花瓣并将其组合起来，如图 12-6 所示。

（7）按住 Ctrl 键并拖动组合图形，对其复制两次，然后调整各图形的位置和角度，这样就得到了一个完整的花，如图 12-7 所示。

（8）创建一个新的影片剪辑"光晕"，然后在该元件中绘制一个直径为 370 的正圆，再使用"透明白色"→"透明度 40％白色"→"透明白色"的放射状填充类型，并对其进行调整，效果如图 12-8 所示。

（9）将第 13、25 帧转换为关键帧，然后将第 13 帧中的图形适当缩小，修改填充色为"透明白色"→"透明度 20％白色"→"透明白色"的放射状填充，再为图层创建形状补间动画，如图 12-9 所示。

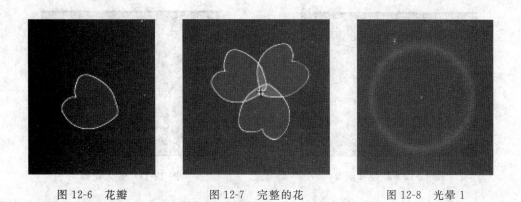

图 12-6 花瓣   图 12-7 完整的花   图 12-8 光晕 1

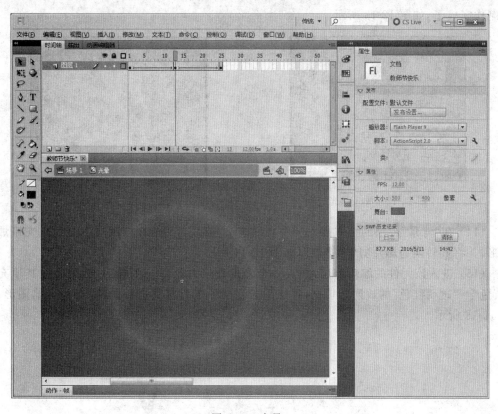

图 12-9 光晕 2

（10）回到主场景中，在"黑框"图层的下方插入一个名为"背景"的新图层，然后在该图层中绘制一个与舞台等大的矩形，修改其填充色为"白色"→"桃红色"的放射状填充，并使用渐变变形工具对其进行调整，如图 12-10 所示。

（11）从元件库中插入数个影片剪辑"花瓣"拖至舞台中，然后分别调整它们的大小、位置、角度、透明度，再依次为它们添加发光的滤镜效果，修改模糊 X、模糊 Y 为 30，如图 12-11 所示。

（12）将多个图形元件"闪烁的星光"从元件库中拖至舞台中，分别调整它们的大小、位置，再依次为它们修改第 1 帧为不同的值，如图 12-12 所示。

图 12-10　新建背景层

图 12-11　放入花瓣

（13）将影片剪辑"光晕"从元件库中拖至舞台的适当位置，这样一个温馨、漂亮的背景就制作完成了，如图 12-13 所示。

图 12-12　放入星光

图 12-13　放入光晕

（14）在"背景"图层的上方插入一个新的图层"物品"，然后在该图层中绘制一支蜡烛的图形，并将其转换为影片剪辑"蜡烛"，如图 12-14 所示。

（15）进入该元件的编辑窗口，插入一个新的图层并绘制一个椭圆，然后修改其填充为"黄色"→"透明红色"的放射状填充，再使用渐变变形工具对其进行调整，得到火焰图形，如图 12-15 所示。

图 12-14　绘制蜡烛

图 12-15　绘制火焰

（16）将火焰转换为影片剪辑"火焰"，然后在该元件的编辑窗口中，将第 10、20 帧转换为关键帧，再使用任意变形工具将第 10 帧中的图形稍稍压缩，在第 1～10 帧和第 10～20 帧创建形状补间动画，这样就得到了火焰跳动的动画效果，如图 12-16 所示。

图 12-16 "火焰"影片剪辑

(17) 回到主场景中,为影片剪辑"蜡烛"添加一个斜角的滤镜效果,修改模糊 X、模糊 Y 为 25,品质为高,阴影为红色,角度为 149,距离为 10,如图 12-17 所示。

(18) 在"物品"图层的第 93 帧插入关键帧,然后将该帧中的影片剪辑"蜡烛"放大到 115%,再选中第 1 帧创建补间动画,如图 12-18 所示。

图 12-17 添加滤镜

图 12-18 放大蜡烛

(19) 将"背景"图层的第 94 帧转换为关键帧,然后对该帧中的元件等进行适当调整,得到一个新的背景,如图 12-19 所示。

(20) 用高度为 10 的白色线条绘制一个心形,然后将其转换为影片剪辑"心",再为其添加一个模糊的滤镜效果,修改模糊 X、模糊 Y 为 10,如图 12-20 所示。

图 12-19　新背景

图 12-20　影片剪辑"心"

（21）按下"添加滤镜"按钮，再为影片剪辑"心"添加一个发光滤镜效果，修改模糊 X、模糊 Y 为 40，强度为 200％，如图 12-21 所示。

（22）将"物品"图层的第 95、190 帧转换为关键帧，并为第 95 帧创建动画补间，然后分别对其中的影片剪辑"蜡烛"进行调整，得到蜡烛慢慢由右向左移动的动画效果，如图 12-22 所示。

图 12-21　添加滤镜

图 12-22　第 95 帧"蜡烛"

（23）将"物品"图层的第 191 帧转换为空白关键帧，"背景"图层的第 191 帧转换为关键帧，并对该帧中的元件进行调整，得到一个新的背景，如图 12-23 所示。

（24）在一个新的组合中，使用各种绘图、编辑工具绘制出一个教师的图形，如图 12-24 所示。

图 12-23　新的背景

图 12-24　教师图形

（25）回到主场景，在"物品"图层的第191帧中编辑出一个花丛的图形，然后将其转换为影片剪辑"花"，再为其添加发光滤镜效果，修改模糊X、模糊Y为30，如图12-25所示。

图12-25　花丛

（26）在"物品"图层的上方插入一个新的图层"过渡"，在该图层中绘制一个可以覆盖舞台的白色矩形，如图12-26所示。

（27）将第15帧转换为关键帧，修改矩形的填充色为"透明白色"→"透明度60％白色"的放射状填充，然后为第1帧创建形状补间动画，如图12-27所示。

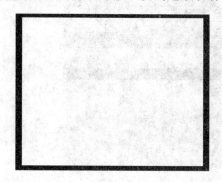

图12-26　白色矩形

图12-27　透明变化

（28）将"过渡"图层的第80、94、107帧转换为关键帧，然后将第94帧中矩形的填充色修改为不透明的白色，第107帧中矩形的填充色修改为透明的白色，然后为它们创建形状补间动画，这样就得到了背景间变化的过渡动画，如图12-28所示。

（29）参照前面的方法，编辑出其他背景间变化的过渡动画，如图12-29所示。

图12-28　第107帧背景间变化

图12-29　第190帧背景间变化

（30）在"过渡"图层的上方插入一个新的图层，将其命名为"文字 1"，在该图层的第 23 帧中输入文字"仿佛默默燃烧的蜡烛..."，然后设置字体为方正粗精简体，颜色为白色，并为其添加一个橙色的发光滤镜，修改强度为 1000%，如图 12-30 所示。

（31）再为其添加一个红色的发光滤镜，修改模糊 X、模糊 Y 为 30，强度为 80%，如图 12-31 所示。

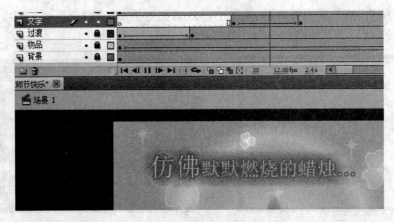

图 12-30　文字 1  　　　　　　　　　　　　　　　图 12-31　添加滤镜

（32）按 F8 键将其转换为影片剪辑"文字 1"，并在第 36 帧插入关键帧，然后将第 23 帧中的影片剪辑向上移动，通过属性面板设置其透明度为 0%，再创建动画补间，设置缓动为100，这样就可以得到文字向下淡入的效果，如图 12-32 所示。

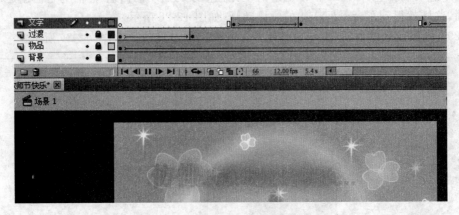

图 12-32　淡入效果

（33）参照前面的方法，在"文字"图层的第 60～73 帧，编辑文字淡出的效果，如图 12-33所示。

图 12-33　淡出效果

（34）参照"文字 1"淡入、淡出的动画编辑方法,编辑出其他文字淡入、淡出的动画,如图 12-34 所示。

图 12-34　第 120 帧文字

（35）导入声音文件到库中,然后将其添加到"黑框"图层的第 1 帧,设置同步为数据流,如图 12-35 所示。

图 12-35　添加声音

（36）按 Ctrl＋S 组合键保存文件,然后按 Ctrl ＋Enter 组合键来测试影片,如图 12-36 所示。

图 12-36　测试影片

拓展任务　制作生日贺卡

　　本生日贺卡是为小朋友设计的,因此在制作过程中选用了大量鲜艳的色彩,要表现出小朋友眼中缤纷的世界,并配上活泼的音乐,使其能迎合小朋友的喜好,如图 12-37 所示。

图 12-37　效果图

　　(1) 绘制背景层,步骤如下。

　　① 绘制背景,如图 12-38 所示。

图 12-38 背景

② 制作植物影片剪辑,添加投影滤镜效果,模糊 X、模糊 Y 为 30,强度为 30%,颜色为黑色,角度为 72,距离为 30,效果如图 12-39 所示。

图 12-39 植物

③ 制作彩带,添加投影滤镜效果,模糊 X、模糊 Y 为 30,强度为 30%,颜色为黑色,角度为 45,距离为 20,如图 12-40 所示。

图 12-40 彩带

④ 制作文字,输入 HAPPY BIRTHDAY 添加发光滤镜,模糊 X、模糊 Y 为 8,强度为 1000%,颜色为红色。第二次为文字添加发光滤镜,模糊 X、模糊 Y 为 8,强度 1000%,颜色为蓝色。第三次为文字添加发光滤镜,模糊 X、模糊 Y 为 8,强度 1000%,颜色为白色,如图 12-41 所示。

(2) 背景层上方新建"蛋糕"图层,步骤如下。

① 利用绘图工具绘制出蛋糕和桌子,如图 12-42 所示。

图 12-41　制作文字

图 12-42　绘制蛋糕和桌子

② 创建"火苗"影片剪辑,在第 1～20 帧创建形状补间动画,第 10 帧将火焰适当地缩小,效果如图 12-43 所示。

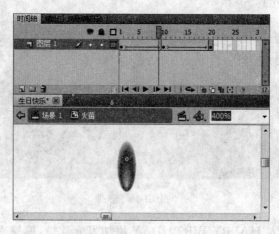

图 12-43　"火苗"影片剪辑

③ 将火苗拖动至对应的蜡烛上,如图 12-44 所示。

(3) 在"蛋糕"图层下方创建"人物 A"图层,绘制各帧的人物表情,如图 12-45 所示。对照小男孩第 100～103 帧吹蜡烛的动画,在"蛋糕"层第 100～103 帧创建出蜡烛依次熄灭的动画,如图 12-46 所示。

图 12-44 带火苗的蜡烛

第1帧	第12帧	第14帧	第16帧
第18帧	第90帧	第92帧	第94帧
第96帧	第98帧	第100帧	第104帧

图 12-45 人物 A

图 12-46　熄灭的蜡烛

　　(4) 在"蛋糕"图层上方创建"彩片"图层,在第 100 帧插入关键帧,在第 100~140 帧创建闪烁的小碎片和五颜六色的彩条由上向下飘落的动画,如图 12-47 所示。

　　(5) 在"人物 A"图层下方创建"人物 B"图层,在第 100 帧插入关键帧,在第 100~110 帧制作两个小朋友从舞台的左侧进入的动画,如图 12-48 所示。

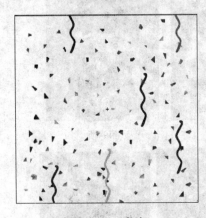

图 12-47　彩片

图 12-48　添加人物 B

　　(6) 在"人物 A"图层下方创建"人物 C"图层,在第 100 帧插入关键帧,在第 100~110 帧制作两个小朋友从舞台的右侧进入的动画,如图 12-49 所示。

　　(7) 人物进入以后的效果如图 12-50 所示。

　　(8) 在"彩片"图层上方新建"文字"图层。

　　① 在第 5~15 帧插入关键帧,创建文字淡入效果,在第 30~40 帧创建淡出效果,如

图 12-49　添加人物 C

图 12-50　人物进入后的效果图

图 12-51 所示。

②在第 40～50 帧插入关键帧,创建文字淡入效果,在第 80～90 帧创建淡出效果,如图 12-52 所示。

图 12-51　文字效果 1 　　　　　　　　图 12-52　文字效果 2

③在第 140～150 帧插入关键帧,创建文字淡入的效果,如图 12-53 所示,在第 150 帧插入动作 stop();。

图 12-53　文字效果 3

(9)保存文件并测试。

本项目通过"教师节贺卡"和"生日贺卡"的制作,介绍了电子贺卡的制作过程。由于贺卡本身的特殊意义,对贺卡的美工要求一般都比较高,具体表现在制作过程中风格与主题保持一致、整体颜色的搭配、画面整洁。

实战训练　制作圣诞节卡片

圣诞老人和美丽的圣诞树作为封面,单击 OPEN 按钮,翻开另一页,展现群星闪烁的圣诞夜,配上圣诞节的介绍。

项目 13

网页片头设计

网页设计是一门新兴的行业,集设计、网络技术与所体现的相关专业知识于一体。一个优秀的网页设计不仅给浏览者提供大量的信息,还要在界面设计上表现得主次分明、造型优美、色彩怡人,给浏览者带来美的享受。

◇ 了解网页片头的设计。
◇ 掌握 Fscommand、GetURL、LoadMovie 语句的用法。

1. 网页片头设计需要考虑的因素

(1)布局和色彩

在网页设计中,要掌握网页的布局、网页色彩的运用、网页设计的原则以及网页优化处理等。

网页设计是一种视觉语言,所以布局造型是传达给大众第一印象的重要元素。合理巧妙的造型可以将网页上的各元素有机地组织起来,引导人们的视线,带来极高的美感。目前常用的一些网页布局包括"厂"字形布局、"国"字形布局等。在实际设计时,设计师可以充分发挥自己的想象力,制作出与众不同的网页版式。

网页设计师应努力做到整体布局合理化、有序化、整体化。优秀的作品善于以巧妙、合理的视觉方式,使一些语言无法表达的思想得以阐述,做到既丰富多样又简洁明了。

(2)导航

网页设计与传统平面设计的一个不同点在于网页之间有链接关系。所谓一个网站的导航正是引导访问者在网站中方便地找到目标信息的机制。制作网站一定要考虑通过什么样的导航能使访问者感到访问网页最方便。

(3)内容

对于一个网站,内容是最本质和最重要的因素。只有在网页中提供丰富而有效的信息,才能长久地吸引访问者的目光。尽管网页的内容通常由客户方提供,但设计师应对内容有深刻的认识,考虑如何更好地表现出网页的内容。

2．网页片头制作流程

首先要收集或绘制网页片头所需的素材,然后将舞台进行区域划分,接着用绘图工具制作立体感很强的导航按钮,进而完成页面框架的制作以及动画特效的制作,之后在框架的基础上添加内容,最后完成各栏目的超链接。

项目任务　制作"馨馨网站"片头

进入馨馨网站,就会被网站的片头动画所吸引,主色调采用深蓝色和橘色的完美结合,由简单线条的晃动动画巧妙地引出网站片头的 5 个栏目"应聘意向""生活点滴""美好足迹""成长日记""难忘档案",最终效果如图 13-1 所示。

图 13-1　馨馨网站最终效果图

首先导入相关素材图片,然后利用绘图工具绘制网站背景图,再分别制作"应聘意向""生活点滴""美好足迹""成长日记""难忘档案"五个按钮元件,再制作"文字""字幕"图形元件,然后制作"竖线""徽标"、cirmov、dot、dot mov、"珠子"等影片剪辑,最后进行综合效果制作。

(1) 新建 Flash 文件。选择"修改"→"文档"菜单命令,在打开的"文档属性"对话框中,设置舞台大小为 735×400px,背景颜色为♯00064E,帧频为 12fps,然后单击"确定"按钮。

（2）导入图片。将素材库中的 button_1blue. png、button_1org. png，button_2blue. png、button_2org. png，button_3blue. png、button_3org. png，button_4blue. png、button_4org. png，button_5blue. png、button_5org. png 图片导入元件库。

（3）建立"应聘意向""生活点滴""美好足迹""成长日记""难忘档案"五个按钮元件。

① 选择"插入"→"新建元件"菜单命令，打开"创建新元件"对话框，类型为"按钮"，名称为"应聘意向"。

② 双击图层名称将其重命名为"图片"，在"弹起"帧把图片 button_1blue. png 拖入舞台中央位置，在"指针经过"帧右击选择"插入空白关键帧"命令，把 button_1org. png 图片拖至舞台中央的位置，在"按下"帧右击选择"插入关键帧"命令。

③ 新建图层改名为"文字"。在文本工具舞台中单击输入"应聘意向"，颜色为 ♯FF9933，字体为"华文行楷"，字号为 16。在"指针经过"帧右击选择"插入关键帧"命令，在属性面板中将颜色设置为 ♯FF66CC。在"按下"帧右击选择"插入关键帧"命令，在属性面板中将颜色设置为 ♯009900，效果如图 13-2 所示。

图 13-2 "应聘意向"按钮元件

④ "生活点滴""美好足迹""成长日记""难忘档案"四个按钮的制作方法同上。

（4）新建"图形"元件。选择"插入"→"新建元件"菜单命令，打开"创建新元件"对话框，类型为"图形"，名称为"图形"。选择绘图工具箱中的钢笔工具绘制背景图形，再用选择工具调整到适当位置，颜色设置为 ♯D9AD00 和 ♯FFCC33，效果如图 13-3 所示。

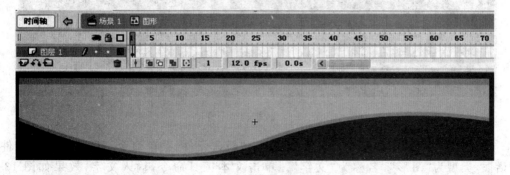

图 13-3 背景图形

（5）新建"文字"图形元件。选择"插入"→"新建元件"菜单命令，打开"创建新元件"对话框，类型为"图形"，名称为"文字"，单击文本工具输入文字，设置字体为"华文行楷"，字号为 27，颜色为♯FFCC00，效果如图 13-4 所示。

图 13-4 "文字"图形元件

（6）建立"竖线"影片剪辑，步骤如下。

① 选择"插入"→"新建元件"菜单命令，打开"创建新元件"对话框，类型为"图形"，名称为"竖线"。单击直线工具，按 Shift 键绘制一条竖线。

② 选择"插入"→"新建元件"菜单命令，打开"创建新元件"对话框，类型为"影片剪辑"，名称为"竖线影片剪辑"。在第 1 帧将"竖线"图形元件拖入舞台（x：0.0，y：−169.5）的位置。在第 25 帧右击选择"插入关键帧"命令，线的位置为（x：−576.0，y：−169.5）。在第 1～25 帧任意位置右击选择"创建补间动画"命令，在第 38 帧右击选择"插入关键帧"命令，线的位置为（x：320.0，y：−169.5）。在第 25～38 帧任意位置右击选择"创建补间动画"命令。

（7）建立"徽标"影片剪辑，步骤如下。

① 选择"插入"→"新建元件"菜单命令，打开"创建新元件"对话框，类型为"图形"，名称为"徽标"。用钢笔工具绘制图形如图 13-5 所示。

② 选择"插入"→"新建元件"菜单命令，打开"创建新元件"对话框，类型为"影片剪辑"，名称为"徽标"。单击任意变形工具，使其有旋转的效果，效果如图 13-6 所示。

图 13-5 "徽标"图形元件

图 13-6 徽标动画示意图

（8）新建"字幕"图形元件。选择"插入"→"新建元件"菜单命令，打开"创建新元件"对话框，类型为"图形"，名称为"文字"。单击文本工具命令，输入文字，效果如图 13-7 所示。

（9）新建 cirmov、dot、dot mov、"珠子"影片剪辑，步骤如下。

① 建立 cirmov 影片剪辑。

你心中的火光是否已经闪亮，
你深藏已久的热焰是否总是无法尽情释放，
你张扬直需的激流是否一直在寻觅可以自由舞动的天堂！

图 13-7　字幕图形元件

- 选择"插入"→"新建元件"菜单命令，打开"创建新元件"对话框，类型为"图形"，名称为 dot。单击椭圆工具，属性面板中笔触颜色设置为"无"，填充颜色设置为♯000000，在舞台中按住 Shift 键，画一个圆，如图 13-8 所示。

- 选择"插入"→"新建元件"菜单命令，打开"创建新元件"对话框，类型为"图形"，名称为 huan1。单击椭圆工具，属性面板中笔触颜色设置为♯000000，填充颜色设置为"无"，在舞台中按住 Shift 键，画一个圆环，如图 13-9 所示。

图 13-8　dot 图形元件　　　　　图 13-9　huan1 图形元件

- 选择"插入"→"新建元件"菜单命令，打开"创建新元件"对话框，类型为"影片剪辑"，名称为 cirmov。双击"图层 1"，将名称改为 dot。把 dot 图形元件拖至舞台中，在第 10 帧右击选择"插入帧"命令。新建"图层 2"，将名称改为 huan1。在第 4 帧右击选择"插入关键帧"，把 huan1 图形元件拖至舞台中，在第 14 帧右击选择"插入关键帧"命令，在第 4～14 帧任意位置右击选择"创建补间动画"命令。新建"图层 3"，将名称改为 huan2，在第 10 帧右击选择"插入关键帧"，把 huan1 图形元件拖至舞台中，在第 20 帧右击选择"插入关键帧"命令，在第 10～20 帧任意位置右击选择"创建补间动画"命令。新建"图层 4"，将名称改为 Layer 10，在第 20 帧右击选择"插入空白关键帧"命令，在帧上右击选择"动作"命令，效果如图 13-10 所示。

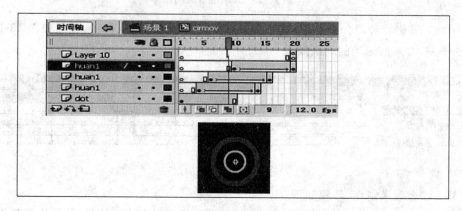

图 13-10　cirmov 影片剪辑及动作脚本代码

② 建立 dot 影片剪辑，步骤如下。

- 选择"插入"→"新建元件"菜单命令，打开"创建新元件"对话框，类型为"图形"，名称为 shining dot。单击椭圆工具，属性面板中笔触颜色设置为"无"，填充颜色设置为♯000000，在舞台中按住 Shift 键，画一个圆。

- 把 dot 图形元件拖至 Layer 1 第 1 帧，Alpha 值设置为 0%，在第 3 帧右击选择"插入关键帧"命令，单击任意变形工具使其放大一些，在第 1~3 帧任意位置右击选择"创建补间动画"命令。在第 5 帧右击选择"插入关键帧"命令，单击任意变形工具使其放大一些，在第 4~5 帧任意位置右击选择"创建补间动画"命令。在第 10 帧右击选择"插入关键帧"，Alpha 值设置为 0%，在第 5~10 帧之间任意位置右击选择"创建补间动画"命令。新建"图层 2"，将名称改为 Layer 2，在第 10 帧右击选择"插入空白关键帧"命令，在该帧上右击选择"动作"命令，效果如图 13-11 所示。

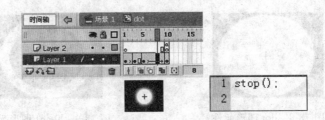

图 13-11　dot 影片剪辑及动作脚本代码

③ 建立 dot mov 影片剪辑。把绘制的 dot 图形元件拖至舞台中，按照如图 13-12 所示制作出珠子左、右来回晃动的动画效果。

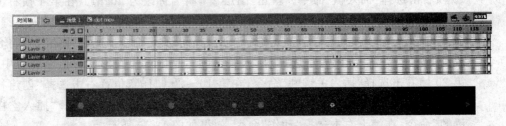

图 13-12　dot mov 时间轴

④ "珠子"影片剪辑。把创建好的 shining dot 图形元件拖入舞台，按照如图 13-13 所示制作珠子左、右来回运动的动画效果。

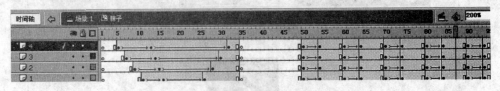

图 13-13　shining dot 时间轴

（10）综合效果制作，步骤如下。

① 返回到场景中，把"图层 1"名称改为"图形"，再把建好的"图形"元件拖至舞台中，属性面板中 Alpha 值设置为 0%，在第 19 帧右击选择"插入关键帧"命令，在第 1~19 帧任意

位置右击选择"创建补间动画"命令,在第 418 帧右击选择"插入帧"命令。

② 新建"图层 2"名称改为"文字",在第 27 帧右击选择"插入关键帧"命令,把创建好的"文字"图形元件拖至舞台中,属性面板中 Alpha 值设置为 0%,在第 36 帧右击选择"插入关键帧"命令,在第 19～36 帧任意位置右击选择"创建补间动画"命令,在第 45 帧右击选择"插入帧"命令。

③ 新建"图层 3"名称改为"线 1",在第 38 帧右击选择"插入关键帧"命令,单击直线工具在舞台中绘制一条直线,颜色设置为♯FFCC33,填充效果设置为"无",位置为(x：502.9,y：199.7),在第 43 帧右击选择"插入关键帧"命令,位置为(x：209.1,y：199.7),在第 38～43 帧右击选择"创建补间动画"命令,在属性面板中的设置补间动画为"形状",在第 45 帧右击选择"插入帧"命令。

④ 新建"图层 4"名称改为"文字 1",在第 46 帧右击选择"插入关键帧"命令,把创建好"文字 1"拖至舞台中,位置为(x：190.3,y：168.3),在第 52 帧右击选择"插入关键帧"命令,位置为(x：271.8,y：168.3),在第 46～52 帧任意位置右击选择"创建补间动画"命令,在第 55 帧右击选择"插入关键帧"命令,位置为(x：231.7,y：168.3),在第 52～55 帧任意位置右击选择"创建补间动画"命令,在第 56 帧右击选择"插入关键帧"命令,位置为(x：236.3,y：168.3),在第 67 帧右击选择"插入帧"命令,在第 68 帧右击选择"插入关键帧"命令,在第 75 帧右击选择"插入关键帧"命令,在属性面板中 Alpha 值设置为 0%,在第 68～75 帧任意位置右击选择"创建补间动画"命令,在第 84 帧右击选择"插入帧"。

⑤ 新建"图层 5"名称改为"徽标"。在第 52 帧右击选择"插入关键帧"命令,把"徽标"影片剪辑拖至舞台中,在属性面板中 Alpha 值设置为 0%,位置为(x：199,y：185),宽：28.8,高：21.1。在第 59 帧右击选择"插入关键帧"命令,在属性面板中位置为(x：184.7,y：171.8),宽：60,高：43.9。在第 52～59 帧任意位置右击选择"创建补间动画"命令,在第 67 帧右击选择"插入帧"命令,在第 68 帧右击选择"插入关键帧"命令,在第 75 帧右击选择"插入关键帧"命令,属性面板中 Alpha 值设置为 0%,在第 68～75 帧任意位置右击选择"创建补间动画"命令,在第 84 帧右击选择"插入帧"。时间轴及效果如图 13-14 所示。

⑥ 新建"图层 6"名称改为"线 2",在第 75 帧右击选择"插入关键帧",单击直线工具绘制一条颜色为♯FFCC33 的横线,位置为(x：276.9,y：199.6),宽：263.9。在第 81 帧选择"插入关键帧"命令,将线的位置调到(x：-2.5,y：348.9),宽：743.5。在第 75～81 帧任意位置右击选择"创建补间动画"命令,在属性面板中设置补间动画为"形状",在第 84 帧右击选择"插入关键帧"命令,在属性面板中设置位置为(x：-16.6,y：411.6),在第 81～84 帧任意位置右击选择"创建补间动画"命令,在属性面板中设置补间动画为"形状"。

⑦ 新建"图层 7"名称改为"文字 2",在第 85 帧右击选择"插入关键帧",把"文字 2"图形元件拖入舞台,在属性面板中设置位置为(x：66.9,y：11.8),设置大小为(宽：150,高：32.5),Alpha 值为 0%。在第 92 帧右击选择"插入关键帧"命令,在第 85～92 帧任意位置右击选择"创建补间动画"命令,在第 418 帧右击选择"插入帧"命令。

⑧ 新建"图层 8"名称改为"标 2"在第 85 帧右击选择"插入关键帧"命令,把创建好的"徽标"影片剪辑拖入舞台,位置为(x：14.7,y：8.3),设置大小为(宽：45.4,高：33.2),在第 418 帧右击选择"插入帧"命令。

操作步骤

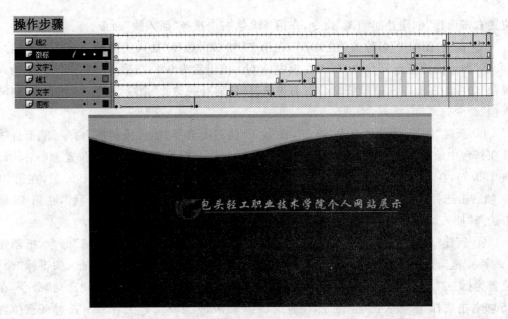

图 13-14　时间轴及效果图

⑨ 选择"插入"→"新建元件"菜单命令,打开"创建新元件"对话框,类型为"图形",名称为 circle1,使用椭圆工具绘制一个宽为 56,高为 56 的椭圆。返回到场景中,新建"图层 9"名称改为"圆 1",在第 120 帧右击选择"插入关键帧"命令,把 circle1 图形元件拖入舞台,位置为(x:82.3,y:232.8)。在第 418 帧右击选择"插入帧"命令。新建"图层 10"名称改为"圆 2"。在第 120 帧右击选择"插入关键帧"命令,拖入 circle1 图形元件,位置为(x:77.5,y:196.9),设置大小为(宽:107.8,高:107.8),在第 418 帧右击选择"插入帧"命令。新建"图层 11"名称改为"竖线",在第 85 帧右击选择"插入关键帧"命令,把"竖线"影片剪辑拖入舞台,拖放 6~11 次即可,在第 120 帧右击选择"插入帧"命令,效果如图 13-15 所示。

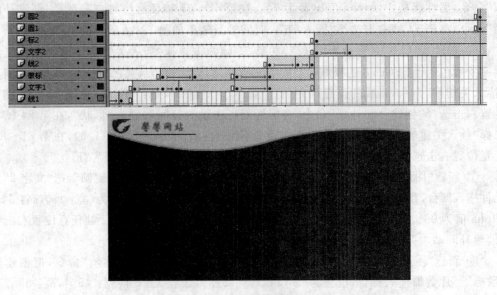

图 13-15　时间轴及效果图

⑩ 选择"插入"→"新建元件"菜单命令,打开"创建新元件"对话框,类型为"影片剪辑",名称改为"线3",单击椭圆工具,按住 Shift 键画一个正圆,按 Ctrl+B 组合键两次使其打散,再把圆的一部分分别放到不同图层,使其显示出画圆的步骤。回到场景,新建"图层12"名称改为"线3",在第130帧右击选择"插入关键帧"命令,把"线3"拖入舞台,在第418帧右击选择"插入帧"命令。新建"图层13"在第132帧右击选择"插入关键帧"命令,把"线"图形元件拖入,使其显示出滑入的效果。

⑪ 新建"图层14"名称改为"矩形",单击矩形工具在舞台上绘制矩形,位置为(x:336.0,y:94.0),设置大小为(宽:351.6,高:154.9),在第418帧右击选择"插入帧"命令。新建"图层15"名称改为"文字",在第140帧右击选择"插入关键帧"命令,把创建好的图形元件拖入舞台中,位置为(x:361.2,y:277.9),在第299帧右击选择"插入关键帧"命令,位置为(x:343.2,y:148.9)。在第208~299帧任意位置右击选择"创建补间动画"命令。在"矩形"图层右击选择"遮罩层"。在第418帧右击选择"插入帧"命令,效果如图13-16所示。

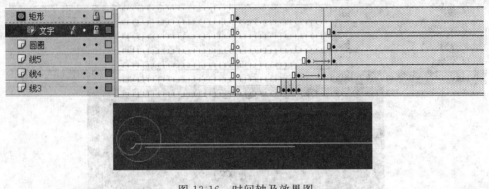

图 13-16　时间轴及效果图

⑫ 新建"图层16"名称改为"按钮1",在第192帧右击选择"插入关键帧"命令,属性面板中 Alpha 值为0%,在第199帧右击选择"插入关键帧"命令,在第192~199帧任意位置右击选择"创建补间动画"命令,在第418帧右击选择"插入帧"命令。新建"图层17"名称改为"发光1",在第179帧右击选择"插入关键帧"命令,把"发光"影片剪辑拖入舞台中,与"按钮1"相符合。在第418帧右击选择"插入帧"命令。

⑬ 新建"图层18"名称改为"按钮2",在第194帧右击选择"插入关键帧"命令,属性面板中 Alpha 值为0%,在第201帧右击选择"插入关键帧"命令,在第194~201帧任意位置右击选择"创建补间动画"命令,在第418帧右击选择"插入帧"命令。新建"图层19"名称改为"发光2",在第181帧右击选择"插入关键帧"命令,把"发光"影片剪辑拖入舞台中,与"按钮2"相符合。在第418帧右击选择"插入帧"命令。

⑭ 新建"图层20"名称改为"按钮3",在第196帧右击选择"插入关键帧"命令,属性面板中 Alpha 值为0%,在第203帧右击选择"插入关键帧"命令,在第196~203帧任意位置右击选择"创建补间动画"命令,在第418帧右击选择"插入帧"命令。新建"图层21"名称改为"发光3",在第183帧右击选择"插入关键帧"命令,把"发光"影片剪辑拖入舞台中,与"按钮3"相符合。在第418帧右击选择"插入帧"命令。

⑮ 新建"图层22"名称改为"按钮4",在第198帧右击选择"插入关键帧"命令,属性面

板中 Alpha 值为 0%，在第 205 帧右击选择"插入关键帧"命令，在第 198～205 帧任意位置右击选择"创建补间动画"命令，在第 418 帧右击选择"插入帧"命令。新建"图层 23"名称改为"发光 4"，在第 185 帧右击选择"插入关键帧"命令，把"发光"影片剪辑拖入舞台中，与"按钮 4"相符合。在第 418 帧右击选择"插入帧"命令.

⑯ 新建"图层 24"名称改为"按钮 5"，在第 200 帧右击选择"插入关键帧"命令，属性面板中 Alpha 值为 0%，在第 207 帧右击选择"插入关键帧"命令，在第 200～207 帧任意位置右击选择"创建补间动画"命令，在第 418 帧右击选择"插入帧"命令。新建"图层 25"名称改为"发光 5"，在第 187 帧右击选择"插入关键帧"命令，把"发光"影片剪辑拖入舞台中，与"按钮 4"相符合。在第 418 帧右击选择"插入帧"命令，效果如图 13-17 所示。

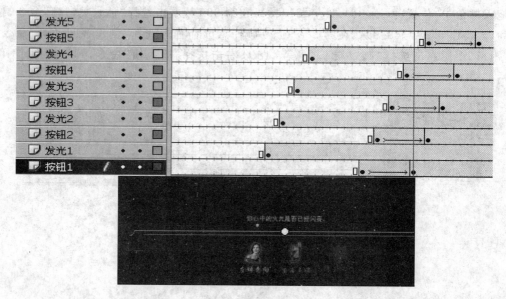

图 13-17　时间轴及效果图

⑰ 设置动作代码，选择"按钮 1"图层的第 199 帧的"应聘意向"按钮元件，右击选择"动作"命令，输入命令如图 13-18 所示。

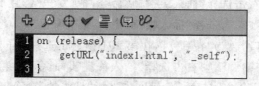

```
1  on (release) {
2      getURL("index1.html", "_self");
3  }
```

图 13-18　"应聘意向"动作代码

(11) 保存文件并测试动画效果。

1. 动作面板

动作指动作脚本语句或命令，分配给同一个帧或对象的多个动作可以创建一个脚本，动作面板用于编辑脚本。执行"窗口"→"动作"命令，打开动作面板，如图 13-19 所示。

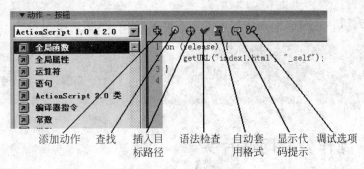

图 13-19 动作面板

2．fscommand(命令，参数)

使用 Flash 影片能与 Flash Player 或承载 Flash Player 的程序(如 Web 浏览器)进行通信。

命令：fscommand 命令或者传递给外部应用程序语言的字符串。

参数：fscommand 命令的自变量或者传递给外部应用程序语言的字符串。

若要将消息发送给 Flash Player，必须使用预定的命令和参数，详细内容如下。

Quit：关闭播放器。

Fullscreen：若指定为 true，则将 Flash Player 设置为全屏模式；若指定为 false，则将播放器返回到变通菜单视图。

Allowscale：若指定为 false，则设置播放器始终按影片的原始大小绘制影片而不进行缩放；若指定为 true，则强制影片缩放到播放器的 100%。

Showmenu：若指定为 true，则启用整个上下文菜单项集合；若指定为 false，则使除"关于 Flash Player"外的所有上下文菜单项变暗。

Exec：在播放器内执行应用程序的路径。

Trapallkeys：若指定为 true，则将所有按键事件(包括快捷事件)发送到 Flash Player 中的 onClipEvent(keyDown/keyUP)处理函数。

3．getURL(URL，[窗口[，"变量"]])

URL：获取文档的 URL。

窗口：指定文档应加载到其中的窗口或 HTML 框架中，可以输入特定窗口的名称或者从下面的保留目标名称中选择。

_self：指定当前窗口中的当前框架。

_blank：指定一个新窗口。

_parent：指定当前窗口中的顶级框架。

变量：该项可选，用于发送变量的 GET 和 POST 方法。

示例：单击按钮后，将一个新 URL 的文档加载到一个空浏览器窗口中，动作语句为

```
on(release){
    getURL ("http://netking.163.com","_blank");
}
```

4．loadMovie("url"，目标/级别[，变量])

在播放原始影片的同时将 SWF 或 JPEG 文件加载到 Flash Player 中。

示例：单击按钮，将动画 1.swf 加载到影片 moveclip 中，动作语句为

```
on(release){
    loadMovie ("1.swf",_root.moveclip);
}
```

拓展任务　制作公司网站片头

设计制作开拓工作室网站片头，网页的主色调为深紫红色，网页的布局采用五个彩色球呈 V 字形分布，巧妙的动画效果引出五个导航按钮，最终效果如图 13-20 所示。

图 13-20　公司网站片头效果图

（1）新建 Flash 文件。选择"修改"→"文档"菜单命令，在打开的"文档属性"对话框中，设置舞台大小为 600×400px，背景颜色设置为♯990000，帧频为 12fps，然后单击"确定"按钮。

（2）建立"舞台"背景，步骤如下。

① 选择"插入"→"新建元件"菜单命令，建立"远景"图形元件，选择矩形工具在舞台中央绘制一个矩形，填充颜色设置为白红线性渐变，效果如图 13-21 所示。

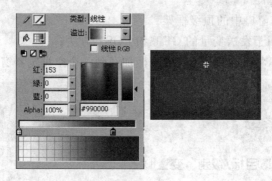

图 13-21　填充颜色设置

② 选择"插入"→"新建元件"菜单命令,制作"舞台"图形元件,效果如图 13-22 所示。

图 13-22 "舞台"图形元件

(3) 建立"手"影片剪辑,步骤如下。

① 导入图片。将素材库中的"手1""手2""手3""手4""手5""手6""手7""手8""手9""手10""手11"图片导入元件库中。

② 选择"插入"→"新建元件"菜单命令,制作"手"影片剪辑。

③ 新建"图层2",在第11帧右击选择"插入空白关键帧"命令,右击选择"动作"命令,效果如图 13-23 所示。

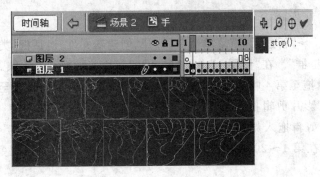

图 13-23 示意图及脚本代码

(4) 制作"转手出珠"影片剪辑,步骤如下。

① 选择"插入"→"新建元件"菜单命令,打开"创建新元件"对话框,类型为"图形",名称为"圆"。使用椭圆工具在舞台绘制一个圆,颜色设置为♯FF0000。选择"插入"→"新建元件"菜单命令,打开"创建新元件"对话框,类型为"图形",名称为"星星"。使用钢笔工具绘制星星。选择"插入"→"新建元件"菜单命令,打开"创建新元件"对话框,类型为"影片剪辑",名称为"光晕"。把"图层1"名称改为"模糊圆"。再把"圆"图形元件拖入舞台,新建"图层2"名称改为"光线"。使用矩形工具绘制光线,效果如图 13-24 所示。

图 13-24 光晕元件及效果图

② 选择"插入"→"新建元件"菜单命令,打开"创建新元件"对话框,类型为"图形",名称为"星星"。选择绘图工具在舞台中央绘制一个五角星,效果如图 13-25 所示。

③ 选择"插入"→"新建元件"菜单命令,打开"创建新元件"对话框,类型为"影片剪辑",名称为"星星群"。将"星星"图形元件拖至"图层 1"的第 1 帧位于舞台中央,在第 6 帧右击选择"插入关键帧"命令,将图形元件置于舞台中,位置为(x: 57.4,y: 29.8),在第 1～6 帧任意位置右击选择"创建补间动画"命令。其他图层动画效果的制作依据图 13-26 所示效果进行星星群的制作。

图 13-25 星星元件及效果图

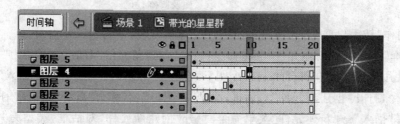

图 13-26 星星群元件及效果图

④ 选择"插入"→"新建元件"菜单命令,打开"创建新元件"对话框,类型为"影片剪辑",名称为"带光的星星群"。在"图层 1"中将"星星群"影片剪辑拖至第 1 帧。新建"图层 2",将"星星群"影片剪辑拖至第 4 帧。新建"图层 3",将"星星群"影片剪辑拖至第 7 帧。新建"图层 4",将"星星群"影片剪辑拖至第 10 帧,在第 20 帧右击选择"插入帧"命令。新建"图层 5",把"光晕"影片剪辑拖入舞台中,在第 20 帧右击选择"插入关键帧"命令,单击任意变形工具旋转一周,在第 1～20 帧任意位置右击选择"创建补间动画"命令,效果如图 13-27 所示。

图 13-27 带光的星星群元件及效果图

⑤ 选择"插入"→"新建元件"菜单命令,打开"创建新元件"对话框,类型为"影片剪辑",名称为"转手出珠"。把"图层 1"名称改为"转手",把建好的"手"影片剪辑拖入舞台,Alpha 值为 0%,在第 5 帧右击选择"插入关键帧"命令,在第 1～5 帧右击选择"创建补间动画"命令,在第 24 帧右击选择"插入帧"命令,在第 25 帧右击选择"插入关键帧"命令,在第 30 帧右击选择"插入关键帧"命令,在第 25～30 帧任意位置右击选择"创建补间动画"命令。新建"图层 2"名称改为"光芒",在第 15 帧右击选择"插入关键帧"命令,把创建好的"带光的星星群"影片剪辑拖入舞台,其位置为(x: −2.6,y: −162.7),在第 30 帧右击选择"插入关键帧"命令,"带光的星星群"位置为(x: 1.4,y: −563.0)。在第 15～30 帧右击选择"创建补间动画"命令。新建"图层 3"名称改为 as,在第 30 帧右击选择"动作"命令,脚本命令为 stop();,

效果如图 13-28 所示。

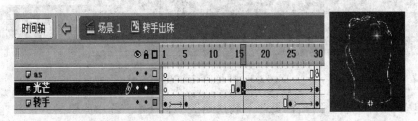

图 13-28 "转手出珠"元件及效果图

（5）制作"圆球爆炸"影片剪辑，步骤如下。

① 选择"插入"→"新建元件"菜单命令，打开"创建新元件"对话框，类型为"图形"，名称为"圆球"，各图层名称及绘制的图形效果如图 13-29 所示。

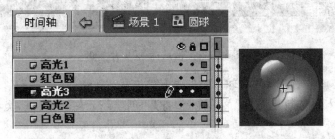

图 13-29 "圆球"元件及效果图

② 选择"插入"→"新建元件"菜单命令，打开"创建新元件"对话框，类型为"影片剪辑"，名称为"圆球爆炸"，效果如图 13-30 所示。

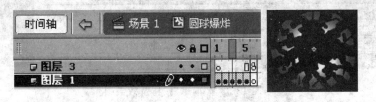

图 13-30 "圆球爆炸"影片剪辑及效果图

（6）建立"教程下载""软件下载""网站首页""下载论坛""源码下载""网站标题"影片剪辑。

① 选择"插入"→"新建元件"菜单命令，打开"创建新元件"对话框，类型为"影片剪辑"，名称为"教程下载"。

② 单击文本工具，设置字体为"黑体"，字号 28，输入文字"教程下载"，在第 14 帧右击选择"插入帧"命令，在第 15 帧右击选择"插入关键帧"命令，单击"滤镜"，按 ，选择"斜角"，设置角度为 45，距离为 5，其他为默认值。在第 25 帧右击选择"插入关键帧"命令，单击"滤镜"，按 ，选择"斜角"，设置角度为 45，距离为 −16，其他为默认值。在第 15～25 帧任意位置右击选择"创建补间动画"命令。在第 35 帧右击选择"插入关键帧"命令，单击"滤镜"，按 ，选择"斜角"，设置角度为 45，距离为 5，其他为默认值。在第 25～35 帧任意位置右击选择"创建补间动画"命令，效果如图 13-31 所示。

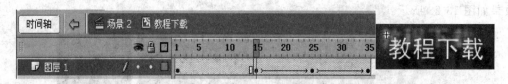

图 13-31　"教程下载"影片剪辑

③ 建立"软件下载""网站首页""下载论坛""源码下载"影片剪辑的方法与"教程下载"的制作方法相同。

④ 建立"网站标题"影片剪辑,效果如图 13-32 所示。

图 13-32　"网站标题"影片剪辑

(7) 建立"前球""右球 1""右球 2""左球 1""左球 2"按钮。

① 选择"插入"→"新建元件"菜单命令,打开"创建新元件"对话框,类型为"按钮",名称为"前球"。

② 按照如图 13-33 所示步骤制作按钮。

图 13-33　"前球"按钮及效果图

(8) 制作"场景 1",步骤如下。

① 把"图层 1"名称改为"舞台"。把"舞台"图形元件拖入舞台中,位置为(x:−57.6,y:178.2),设置大小为(宽:717.2,高:189.2)。在第 64 帧右击选择"插入帧"命令,在第 65 帧右击选择"插入关键帧"命令,在第 110 帧右击选择"插入关键帧"命令,位置为(x:−57.6,y:370.2),设置大小为(宽:717.2,高:189.2)。在第 65～110 帧任意位置右击选择"创建补间动画"命令。在第 134 帧右击选择"插入帧"命令,在第 135 帧右击选择"插入关键帧"命令,在第 160 帧右击选择"插入关键帧"命令,位置为(x:−57.6,y:222.2),在第 135～160 帧任意位置右击选择"创建补间动画"命令。

② 新建"图层 2"名称改为"圆球阴影"。把"圆球"图形元件拖入舞台中,位置为(x:281.0,y:320.2),设置大小为(宽:40,高:40),Alpha 值为 50%。在第 45 帧右击选择"插入关键帧"命令,位置为(x:272.4,y:251.3),设置大小为(宽:45,高:45),Alpha 值为50%。在第 1～45 帧任意位置右击选择"创建补间动画"命令,在第 65 帧右击选择"插入关

键帧"命令,位置为(x:239.3,y:337.1),设置大小为(宽:120,高:120),Alpha值为50%;在第45～65帧任意位置右击选择"创建补间动画"命令,在第110帧右击选择"插入关键帧"命令,位置为(x:241.3,y:402.9),设置大小(宽:90,高90),Alpha值为50%,在第65～110帧任意位置右击选择"创建补间动画"命令。

③ 新建"图层3"名称改为"圆球跳动"。把"圆球"图形元件拖入舞台中,位置为(x:281.0,y:-49.8),设置大小为(宽:40,高:40)。在第45帧右击选择"插入关键帧"命令,位置为(x:272.4,y:197.3),设置大小为(宽:65,高:65)。在第1～45帧任意位置右击选择"创建补间动画"命令,在第65帧右击选择"插入关键帧"命令,位置为(x:239.3,y:235.1),设置大小为(宽:120,高:120)。在第45～65帧任意位置右击选择"创建补间动画"命令,在第110帧右击选择"插入关键帧"命令,位置为(x:240.0,y:71.0),设置大小(宽:90,高:90),在第65～110帧任意位置右击选择"创建补间动画"命令。

④ 新建"图层4"名称改为"爆炸"。在第111帧右击选择"插入关键帧"命令,把"圆球爆炸"影片剪辑拖入舞台的(x:240.0,y:71.0)位置。在第116帧右击选择"插入帧"命令。

⑤ 新建"图层5"名称改为"闪光"。在第116帧右击选择"插入关键帧"命令,把"圆形"图形元件拖入舞台的(x:198.8,y:26.8)位置,设置大小为(宽:175,高:175),在第165帧右击选择"插入关键帧"命令,在第116～165帧任意位置右击选择"创建补间动画"命令,位置为(x:12.0,y:-20.9),设置大小为(宽:583.0,高:402.9)。

⑥ 新建"图层6"名称改为"星星"。在第45帧右击选择"插入关键帧"命令,把"带光的星星群"影片剪辑拖入舞台,位置为(x:278.3,y:314.3),设置大小为(宽:40,高:40),Alpha值为10%。在第65帧右击选择"插入关键帧"命令,在第45～64帧任意位置右击选择"创建补间动画"命令。在第95帧右击选择"插入帧"命令;在第96帧右击选择"插入关键帧"命令。在第110帧右击选择"插入关键帧"命令,位置为(x:262.3,y:94.3),在第95～110帧任意位置右击选择"创建补间动画"命令,效果如图13-34所示。

图13-34　时间轴及效果图

⑦ 建立球往下落的步骤如图 13-35 所示。

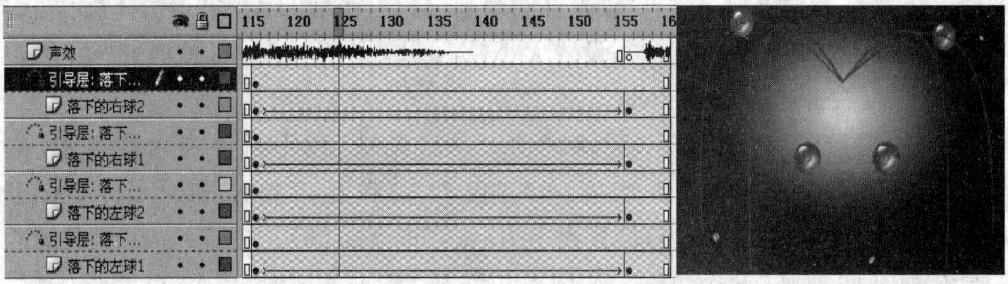

图 13-35　球下落时间轴及效果图

（9）建立"场景 2"，步骤如下。

① 把"图层 1"名称改为"舞台"。把"舞台"图形元件拖入舞台中，位置为（x：−57.6，y：222.3），设置大小为（宽：717.2，高：189.2），在第 86 帧右击选择"插入帧"命令。

② 新建"图层 2"名称改为"闪光"。在第 10 帧右击选择"插入关键帧"命令，把"模糊白光"元件拖入舞台中，位置为（x：266.4，y：304.9），设置大小为（宽：73.0，高：27.0），在第 25 帧右击选择"插入关键帧"命令，位置为（x：241.3，y：295.5），设置大小为（宽：120，高：46），在第 28 帧右击选择"插入关键帧"命令，位置为（x：279.1，y：300.6），设置大小为（宽：45，高：16）。

③ 新建"图层 3"名称改为"从上向下的光线"。在第 10 帧右击选择"插入关键帧"命令，把"闪光"元件拖入舞台中，位置为（x：262.3，y：12.9），设置大小为（宽：80.0，高：320.0），Alpha 值为 40%。在第 25 帧右击选择"插入关键帧"命令，位置为（x：240.8，y：−9.7），设置大小为（宽：120，高：350），Alpha 值为 40%。在第 28 帧右击选择"插入关键帧"命令，位置为（x：276.5，y：−32.5），设置大小为（宽：50，高：350）。在第 29 帧右击选择"插入空白关键帧"命令，在第 64 帧右击选择"插入帧"；在第 65 帧右击选择"插入关键帧"命令，Alpha 值为 30%，位置为（x：279.4，y：−79.8），设置大小为（宽 50，高 350）。在第 85 帧右击选择"插入关键帧"命令，位置为（x：254.4，y：−214.1），设置大小为（宽：90，高：630），Alpha 值为 10%，在第 65～85 任意位置右击选择"创建补间动画"命令。

④ 新建"图层 4"名称改为"星星"。在第 10 帧右击选择"插入关键帧"命令，把"带光的星星群"图形元件拖入舞台中，位置为（x：284.6，y：298.9），设置大小为（宽：40，高：40），在第 27 帧右击选择"插入帧"命令。在第 28 帧右击选择"插入关键帧"命令，在第 40 帧右击选择"插入关键帧"命令，位置为（x：284.6，y：14.7），在第 10～40 帧任意位置右击选择"创建补间动画"命令。在第 46 帧右击选择"插入关键帧"命令，Alpha 值为 2%，在第 40～46 任意位置右击选择"创建补间动画"命令。

⑤ 新建"图层 5"名称改为"网站标题"。在第 40 帧右击选择"插入关键帧"命令，把"网站标题"拖入舞台中，位置为（x：185.4，y：13.3），在第 86 帧右击选择"插入帧"命令。新建"图层 6"名称改为"网站标题阴影"。在第 40 帧右击选择"插入关键帧"命令，把"网站标题"拖入舞台中，位置为（x：188.1，y：221.2），在第 86 帧右击选择"插入帧"命令。

⑥ 新建"图层 7"名称改为"最前面的圆球"。在第 65 帧右击选择"插入关键帧"命令，把"圆球"图形元件拖入舞台中，位置为（x：289.1，y：84.2），设置大小为（宽：30，高：30），

Alpha 值为 30%。在第 85 帧右击选择"插入关键帧"命令,位置为(x:263.4,y:324.1),设置大小为(宽:75.0,高:75.0)。

　　⑦ 建立"落下的左球 1""落下的左球 2""落下的右球 1""落下的右球 2"图层。新建"图层 8"名称改为"落下的左球 1"。把"圆球"图形元件拖入舞台中,位置为(x:66.7,y:260),设置大小为(宽:55,高:55)。在第 85 帧右击选择"插入帧"命令,在第 86 帧右击选择"插入关键帧"命令,把文字拖入舞台中。其他同上,效果如图 13-36 所示。

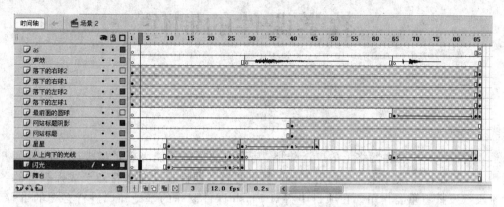

图 13-36　场景 2 时间轴

　　本项目通过"馨馨网站"和"公司网站"的制作,介绍了网页片头设计需要考虑的因素和网页片头制作流程,掌握 fscommand、getURL、loadMovie 语句的用法,借助动态按钮效果使网站更具交互性。

实战训练　设计制作"班级网站"片头

　　班级网站应该是一个展示、记录、交流与沟通的网络平台,在班级网站上展示班级的风采,记录每个成员的活动点滴,要求每位学生设计制作充满生机的班级网站。

项目 14

教学课件的制作

随着 Flash 作品在网络上的广泛传播,其强大的动画功能吸引了越来越多的教师开始利用 Flash 制作多媒体课件。利用 Flash 制作的教学课件在幼儿教育乃至成人教育的各教学阶段都发挥着重要作用。在项目中将对 Flash 课件制作的基础知识进行必要的讲解,并结合任务项目的制作,使学习者掌握在 Flash 中制作教学课件的基本方法和技巧。

◇ 了解教学课件设计的基础知识。
◇ 掌握教学课件众多场景的应用方法及技巧。

1. 课件的概念

课件是由多种媒体信息按照一定方式集成的、具有强大人机交互性和信息共享性的课堂教学软件。课件的分类标准很多,如按操作流程可分为顺序型、分支型、交互型和网络型;按教学作用可分为贯穿全课程型、突破重难点型、教学自学兼用型;按照教学目的可分为测验型、教学型、模拟型、开放型。其中第三种分类最为常用。测验型课件重在针对某个知识点提供反复练习的机会或在教学活动进行到一个阶段后用于评价;教学型课件重在知识传授,可供学生自我学习;模拟型课件重在现实不允许或者不能实现的,用计算机模拟实现;开放型课件重在利用超媒体技术,供学生自主使用和控制学习方向。

2. 课件的基本要求

课件应用在教学中主要的作用就是辅助教学,所以对于一个合格的 Flash 课件来说,它应该满足以下几点最基本的要求。

(1) 紧扣教学内容

对于课件来说,最基本的要求是能紧扣教学内容,能够通过演示将教学中需要以课件方式进行表现的内容完整、正确地表现出来。

(2) 精简、直观

课件应精简、直观,避免牵涉过多的无用内容。

（3）易懂

课件应做到易懂。课件的作用是辅助教学，课件制作者应以最科学的方式演示教学内容，让学生通过课件能够更好地掌握教学内容。

3. Flash 课件的特点

（1）缩放不变形

图形有两种类型，即矢量图和位图。矢量图是指使用直线和曲线来描绘图形。矢量图同样具有颜色和位置属性。对矢量图进行编辑时，可以对表述形状的线条和曲线的属性进行修改，无论对其进行多少倍的缩放或者拉伸，图形的质量都不会受影响。同时矢量图的分辨率是独立的，这就意味着可以用不同的分辨率显示。位图图形是使用颜色点来描绘图像的，称为像素，这些像素是在网格内安排好的，所以修改位图图形的尺寸会令图像边缘变得粗糙，这是因为网格中的像素被重新进行分配的缘故。Flash 制作的动画采用的是矢量图，所以对 Flash 制作的课件进行缩放时，其图像的质量是不会受影响的，而其他的课件制作工具一般都是调用大家熟悉的位图图形来实现动画的，就会因分辨率或播放窗口的不同而导致出现图像失真、模糊、变形等现象。

（2）Flash 的绘画和声音功能美妙、方便至极

Flash 的绘画工具齐全，色彩任意设计，还有线性、放射状变色可设定，这样就可以在课件中创作有立体感的图片。Flash 对声音的设置处理也很独特，读入 WAV 声音在生成的 Flash 动画播放文件时，你会发现文件被压缩到了原文件的十分之一大小，因为 Flash 播放文件中的声音文件可设定为 MP3 格式。因此，想做一个具有丰富的声音效果的 Flash 课件并不困难而且生成的课件又小巧精美。

（3）修改容易

凡是用过 Authorware、PowerPoint 等软件的读者肯定知道，做一个课件并不难，但是制作完成之后又要修改某些元素就很麻烦，比如一个用 PowerPoint 做的课件，若要修改被同一课件中多次调用的一张相同的图像，必须把图像修改后再在课件的每一处进行重新调用。在 Flash 中就不一样了，如果要修改某一个例子的颜色，只要修改这个元件即可，整个软件中凡是涉及这个例子的所有画面都"一次性解决"，那种感觉只有经历过 PowerPoint "磨难"的人才能深切感受到。

（4）生成的文件小

利用 Flash 生成的动画播放文件（＊.swf）都非常小巧，一个精美的多媒体课件也就 10KB、20KB，大的、复杂的也就 800KB 左右，即使产生 EXE 文件，也就 1MB 左右。这相对于 Authorware 等软件制作的课件几十甚至几百 MB 的容量相比优势再明显不过了。

（5）Flash 生成的课件使用方便

这是 Flash 的最大优点，Flash 制作的课件完成后导出扩展名为 ＊.swf 的文件，即 Flash 影片文件，这种文件小巧，播放也极其方便。大家都知道 Authorware 等软件制作的课件，受操作系统和其他软件环境影响比较大，很多读者都曾经"深受其害"。Flash 在这方面的优势比较明显，SWF 文件的播放非常方便，只要安装一个简单的播放器就可以了。 Flash 软件自带的播放器文件大小才 300 多 KB。即使机器上不安装播放器，用普通的 IE 浏览器也可以直接播放 SWF 文件。除此之外，Flash 作品还可以打包成可执行文件，可以在没有安装浏览器插件、没有安装 Flash 播放器的环境中运行，可执行文件比 SWF 文件仅

200KB 左右,打包以后仅为一个 EXE 文件,非常"环保",而且在一般的操作系统中都可独立运行。

4. Flash 课件制作流程

(1) 选定教学内容

在制作 Flash 课件之前,应首先了解相关的教学内容,把教学内容中适合制作课件的部分筛选出来。

(2) 构思课件框架

确定教学内容后,就需要针对教学内容构思课件的基本框架,考虑课件采用的演示方式,策划课件的演示过程以及课件中需要用到的动画素材等内容。

(3) 制作元件素材

在搜集好素材后,就需要制作课件中所需要的图形、影片剪辑等各种元件素材,这些元件的制作直接影响作品的最终效果,所以在这个环节要尽量保证每个元件的质量。

(4) 编辑场景

把编辑好的各个元件按前期的构思拖放到场景中,并对场景进行调整编辑。

(5) 调试并发布课件

通过测试影片检查课件的演示效果,并对不满意的地方进行必要的细节调整,调整完成后即可根据需要发布课件。

项目任务　制作少儿看图写单词课件

任 务 介 绍

本任务通过课件的演示使少儿掌握几种常见小动物的英文名字,由于本课件用于少儿的英语教学,所以在色彩上可采用一些鲜艳的颜色,并使用各种小动物可爱的卡通形象,而且为了更加吸引少儿,在课件中还给每个小动物添加了相应的叫声,最终效果如图 14-1 所示。

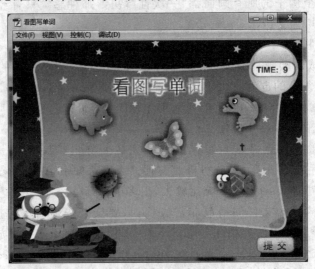

图 14-1　效果图

建立"封面"和"内容"两个场景,在"封面"场景中用影片剪辑实现"看图写单词"标题的动画效果,单击"进入"按钮跳转到"内容"场景。在"内容"场景中将每个小动物图片做成一个鼠标指针放上时变大并带声音的按钮元件,将小动物相应的英文单词做成字母逐一变红动画效果的影片剪辑,通过正确设置帧标签、帧动作和按钮动作实现动物图片按钮与单词影片剪辑的联系。

(1) 新建 Flash 文档,在属性面板中设置舞台大小为 550×400px,背景色为白色。

(2) 将图层 1 改名为"背景",绘制背景,如图 14-2 所示。

图 14-2　背景

(3) 在背景层上方插入新图层,改名为"题目",在"题目"图层绘制 5 个小动物图片,输入文本和线条,效果如图 14-3 所示。

图 14-3　小动物

(4) 在每个小动物下方的直线上绘制一个输入文本框,通过属性面板依次修改其实例名为_root. text01、_root. text02、_root. text03、_root. text04、_root. text05,如图 14-4 所示。

(5) 在"题目"图层上方插入"判断"图层,在该图层中对照下面的输入文本框绘制一个透明的圆,然后将其转换为一个新的影片剪辑"判断",这样就制作出了一个隐形元件,如图 14-5 所示。

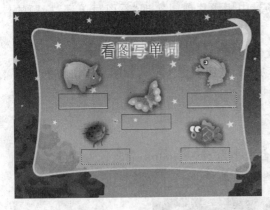

图 14-4　输入文本框

图 14-5　插入隐形元件

(6)进入"判断"影片剪辑的编辑界面,将第 2 帧、第 3 帧都转换为空白关键帧,然后在第 2 帧的绘图工作区绘制一个红色的对钩,如图 14-6 所示。在第 3 帧绘制一个红色的叉,如图 14-7 所示。

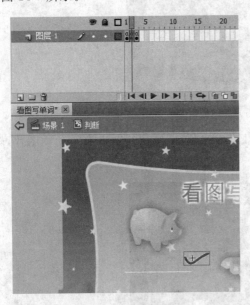

图 14-6　红色对钩

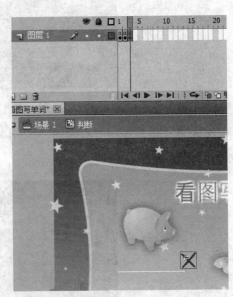

图 14-7　红色叉

(7)右击"判断"影片剪辑的三个关键帧,选择"动作"命令,为这三个关键帧添加相同的代码,如图 14-8 所示。

(8)回到主场景,将"判断"影片剪辑复制并粘贴,使每一个输入文本框都有一个该元件,如图 14-9 所示。

(9)通过属性面板依次修改舞台中影片剪辑"判断"的实例名为 judge1、judge2、judge3、judge4、judge5。

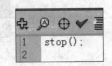

图 14-8　"判断"影片剪辑的
三个关键帧代码

（10）在"题目"图层的上方插入"按钮"图层,在该图层绘制出一根树枝和一只猫头鹰,如图 14-10 所示。

图 14-9　添加"判断"影片剪辑　　　　　　图 14-10　猫头鹰

（11）选中猫头鹰,按 F8 键,将其转换为按钮元件"参考答案"。进入该元件编辑窗口,将指针经过帧转换为关键帧,调整猫头鹰的位置,同时在右侧输入"参考答案",如图 14-11 所示。

(a) 弹起帧　　　　　　(b) 指针经过帧

图 14-11　参考答案按钮

（12）返回主场景,打开动作面板为"参考答案"按钮元件添加如下动作代码:

```
on (rollOver) {
  _root.text01 = "pig";
  _root.text02 = "frog";
  _root.text03 = "butterfly";
  _root.text04 = "ladybug";
  _root.text05 = "fish";
}


on (rollOut) {
  _root.text01 = "";
  _root.text02 = "";
  _root.text03 = "";
  _root.text04 = "";
  _root.text05 = "";
}
```

（13）创建"提交"按钮元件，绘制一个黄色的圆角矩形，然后创建一个蓝色的静态文本"提交"，指针经过帧文字颜色修改为浅蓝色，返回场景，修改实例名为 button，如图 14-12 所示。

(a) 弹起帧　　　　(b) 指针经过帧

图 14-12　"提交"按钮

（14）从库中直接复制"提交"按钮，修改为"清除"按钮。

（15）创建"按钮"影片剪辑元件，在第 1 帧插入"提交"按钮，并在第 1 帧添加代码 stop()；。在第 2 帧插入"清除"按钮，将该元件放入场景按钮图层的右下角。

（16）选择"提交"按钮，添加如下代码：

```
on (release, keyPress "<Enter>") {
    //当鼠标按下释放后,或者按下回车键时,即主动交卷
    if (_root.text01 == "pig") {
        //如果变量为_root.text01,输入文本的值为pig,即输入的答案正确时
        _root.judge1.gotoAndStop(2);
        //实例名为 judge1 的元件转到第 2 帧并停止,即表现为正确
        _root.mark += 20;
        //成绩加 20 分
    } else {
        //否则,即输入的答案错误
        _root.judge1.gotoAndStop(3);
        //实例名为 judge1 的元件转到第 3 帧并停止,即表现为错误
    }
    if (_root.text02 == "frog") {
        _root.judge2.gotoAndStop(2);
        _root.mark += 20;
    } else {
        _root.judge2.gotoAndStop(3);
    }
    if (_root.text03 == "butterfly") {
        _root.judge3.gotoAndStop(2);
        _root.mark += 20;
    } else {
        _root.judge3.gotoAndStop(3);
    }
    if (_root.text04 == "ladybug") {
        _root.judge4.gotoAndStop(2);
        _root.mark += 20;
    } else {
        _root.judge4.gotoAndStop(3);
    }
    if (_root.text05 == "fish") {
        _root.judge5.gotoAndStop(2);
        _root.mark += 20;
    } else {
        _root.judge5.gotoAndStop(3);
    }
```

```
//根据用户输入的内容,判断出其他题目的对错
_root.brand.gotoAndStop(14);
//实例名为 brand 的元件转到第 14 帧并停止,即显示成绩
nextFrame();
//该元件转到下一帧,即显示"清除"按钮
}
```

（17）选择"清除"按钮,添加如下代码:

```
on (release) {
    //按下并释放按钮
    _root.text01 = "";
    _root.text02 = "";
    _root.text03 = "";
    _root.text04 = "";
    _root.text05 = "";
    //所有的输入文本为空
    _root.judge1.gotoAndStop(1);
    _root.judge2.gotoAndStop(1);
    _root.judge3.gotoAndStop(1);
    _root.judge4.gotoAndStop(1);
    _root.judge5.gotoAndStop(1);
    //所有判断对错的元件转到第 1 帧,即不可见
    _root.brand.gotoAndPlay(2);
    //计时器重新开始计时
    _root.time = 60;
    _root.mark = 0;
    //定义时间和成绩的初始值
    prevFrame();
    //该元件转到上一帧,即显示为"提交"按钮
}
```

（18）创建"计时器"影片剪辑。在图层 1 第 1 帧绘制如图 14-13 所示形状,延长至第 14 帧。

（19）图层 1 上方插入一个新图层,插入静态文本 TIME:,在其后面创建一个动态文本,设置其变量为_root.time,修改它们的填充色为蓝色,如图 14-14 所示。

（20）将图层 2 第 14 帧转换为关键帧,修改其中文字的颜色为红色,插入静态文本 MARK:,动态文本变量为_root.mark,如图 14-15 所示。

图 14-13 "计时器"的外形

图 14-14 插入文本

图 14-15　第 14 帧的内容

（21）插入新图层，将第 13、14 帧转换为关键帧，在第 1 帧添加如下代码：

```
_root.time = 60;
//定义时间初始值为 60
_root.mark = 0;
//定义得分初始值为 0
```

（22）在第 13 帧添加如下代码：

```
if(_root.time <= 0){
    //如果时间小于或等于 0
    gotoAndStop(14);
    //该元件转到第 14 帧并停止，即测试时间结束，显示测试成绩
}
else{
    _root.time -= 1;
    //时间减去 1，即实现倒计时功能
    gotoAndPlay(2);
    //该元件转到第 2 帧并播放，即继续计时
}
```

（23）在第 14 帧添加如下代码：

```
if(_root.time <= 1){
    //当时间小于等于 1 时，即失去测试时间，被迫交卷
    if (_root.text01 == "pig") {
        //如果变量为_root.text01，输入的文本值为 pig
        _root.judge1.gotoAndStop(2);
            //实例名为 judge1 的元件转到第 2 帧并停止，即表现为正确
        _root.mark += 20;
            //成绩加 20 分
    } else {
        _root.judge1.gotoAndStop(3);
            //实例名为 judge1 的元件转到第 3 帧并停止，即表现为错误
    }
    if (_root.text02 == "frog") {
            _root.judge2.gotoAndStop(2);
            _root.mark += 20;
```

```
        } else {
                _root.judge2.gotoAndStop(3);
        }
        if (_root.text03 == "butterfly") {
                _root.judge3.gotoAndStop(2);
                _root.mark += 20;
        } else {
                _root.judge3.gotoAndStop(3);
        }
        if (_root.text04 == "ladybug") {
                _root.judge4.gotoAndStop(2);
                _root.mark += 20;
        } else {
                _root.judge4.gotoAndStop(3);
        }
        if (_root.text05 == "fish") {
                _root.judge5.gotoAndStop(2);
                _root.mark += 20;
        } else {
                _root.judge5.gotoAndStop(3);
        }
        //根据用户输入的内容,判断出其他题目的对错
        _root.button.nextFrame();
        //实例名为button的元件转下一帧,即显示"清除"按钮
}
```

（24）保存文件并测试。

1. 帧标签

在 Flash 中可以为关键帧添加帧标签,具体的方法是:选中某个关键帧,然后打开属性面板,在属性面板的"帧标签"文本框输入相应的标签名,通过为帧添加标签,就可以在动作中引用该帧。

2. 帧动作:stop

stop 语句的功能是控制影片在指定帧上停止播放,其具体用法是在动作面板中直接输入 stop();。

3. 按钮动作:gotoAndPlay 和 gotoAndStop

gotoAndPlay 语句的功能是将播放头转到指定场景,并从场景中指定的帧开始播放。如果未指定场景,则播放头将转到当前场景中的指定帧。gotoAndStop 语句的功能是将播放头转到指定场景,并在场景中指定的帧处停止。

拓展任务 制作计算机教学课件

引人入胜的动画,清脆的叮当声,让学生在紧张学习的氛围中感受到全身心的放松,同时也惊讶于 Flash 动画所带来的震撼力,效果如图 14-16 所示。

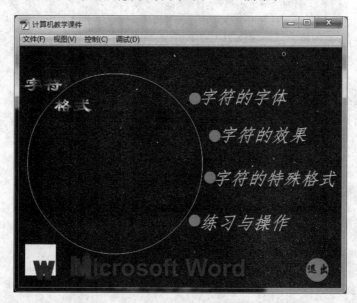

图 14-16 效果图

(1) 新建 Flash 文件。选择"修改"→"文档"菜单命令,打开"文档属性"对话框,设置舞台大小为 550×400px,背景色为"黑色",帧频为 12fps,然后单击"确定"按钮。

(2) 导入素材。选择"文件"→"导入"→"导入到库"菜单命令,将素材文件夹中全部文件导入。

(3) 新建场景。选择"窗口"→"其他面板"→"场景"菜单命令,打开场景面板。双击"场景 1"将其重命名为"目录"。单击"添加场景"按钮,新建"场景 2"并将其重命名为"字体"。

(4) 编辑"目录"场景,步骤如下。

① 单击"编辑场景"按钮 ,从中选择"目录",将"目录"场景设置为当前场景。

② 编辑"背景"图层。双击"图层 1"将其重命名为"背景",用椭圆工具 和文本工具 在"背景"图层上绘制如图 14-17 所示内容。

③ 编辑"字符格式"图层,步骤如下。

· 单击"插入图层"按钮 ,新建"图层 2"并将其重命名为"字符格式"。

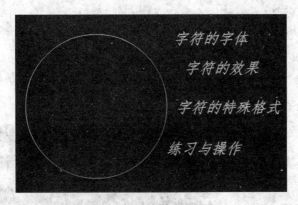

图 14-17 "背景"图层内容

- 制作"字符格式"图形元件。选择"插入"→"新建元件"菜单命令,在打开的对话框中选择"图形",名称输入"字符格式",单击"确定"按钮进入元件编辑状态。用矩形工具在"图层 1"的第 1 帧上绘制如图 14-18 所示图形。新建"图层 2",在"图层 2"的第 1 帧用文本工具输入文字"字符格式",效果如图 14-19 所示。在"图层 2"上右击,选择"遮罩层"命令,将"图层 2"设置为遮罩层,"图层 1"设置为被遮罩层,此时图形元件状态如图 14-20 所示。

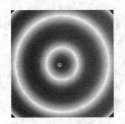  

图 14-18　元件"图层 1"的内容　　图 14-19　输入文字　　图 14-20　设置遮罩效果

- 返回场景,设置"字符格式"图层为当前图层,将"字符格式"图形元件拖至场景中,此时舞台效果如图 14-21 所示。

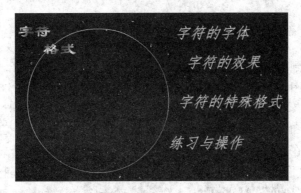

图 14-21　添加"字符格式"

④ 编辑 W 图层,步骤如下。

- 单击"插入图层"按钮 ,新建"图层 3"并将其重命名为 W。

- 制作 W 图形元件。选择"插入"→"新建元件"菜单命令,在打开的对话框中选择"图形",名称输入 W,单击"确定"按钮进入元件编辑状态。用矩形工具 ▣ 和文本工具 🅰,绘制如图 14-22 所示图形。
- 返回场景,设置 W 图层为当前图层,将 W 图形元件拖至场景中,此时舞台效果如图 14-23 所示。

图 14-22　W 图形元件

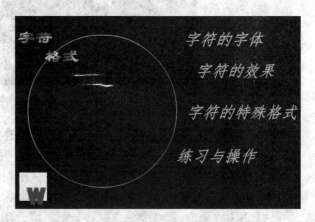

图 14-23　添加 W 元件

⑤ 编辑 word 图层,步骤如下。

- 单击"插入图层"按钮 🖵,新建"图层 4"并将其重命名为 word。
- 制作 word 影片剪辑元件。选择"插入"→"新建元件"菜单命令,在打开的对话框中选择"影片剪辑",名称输入 word,单击"确定"按钮进入元件编辑状态。在"图层 1"的第 1 帧用文本工具输入文字 Microsoft Word,效果如图 14-24 所示。在第 40 帧按 F5 键插入帧,锁定"图层 1"。

图 14-24　输入文字

- 新建"图层 2",在"图层 2"的第 3 帧按 F7 键插空白关键帧,用文本工具输入字母 M,并将其调整到与图层 1 上的 M 重合。在字母 M 上右击,选择"转换为元件"命令,将其转换为图形元件。在"图层 2"的第 10、11 帧分别按 F6 键插入关键帧。选中"图层 2"的第 3 帧,用选择工具将字母 M 向左移动一段距离,然后选择"修改"→"变形"→"缩放和旋转"菜单命令,打开"缩放和旋转"对话框,在"缩放"文本框中输入 150%,同时在属性面板的"颜色"下拉列表中设置 Alpha 值为 50%,效果如图 14-25 所示。选中"图层 2"的第 11 帧,打开属性面板,在"颜色"下拉列表中选择"色调",将颜色设置为"白色",Alpha 值为 100%。在第 3~10 帧创建运动补间动画,锁定"图层 2"。用同样的方法新建图层,制作其他字母的变化效果,每个字母的动画开始相隔 2 帧,即字母 M 从第 3 帧开始,字母 i 从第 5 帧开始,字母 c 从第 7 帧开始,以此类推。word 影片剪辑元件时间轴参考如图 14-26 所示。

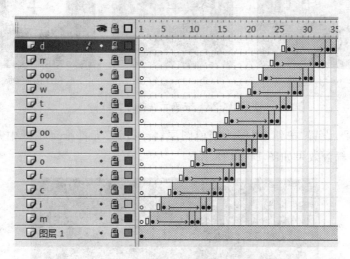

图 14-25　编辑字母 M

图 14-26　word 影片剪辑元件的时间轴

- 返回场景，设置 word 图层为当前图层，将 word 影片剪辑元件拖至场景中，此时舞台效果如图 14-27 所示。

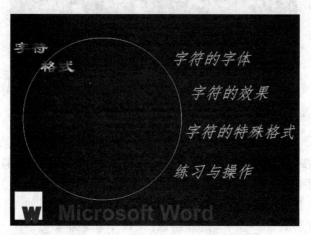

图 14-27　添加 word 后的舞台效果

⑥ 编辑"按钮"图层，步骤如下。

- 单击"插入图层"按钮 ，新建"图层5"并将其重命名为"按钮"。
- 制作"按钮"元件。选择"插入"→"新建元件"菜单命令，在打开的对话框中选择"按钮"，名称输入"按钮"，单击"确定"按钮进入按钮元件的编辑状态。图层1的"弹起"帧、"指针经过"帧和"按下"帧的状态从左向右，如图 14-28 所示。新建"图层2"，在图层2的"按下"帧按 F7 键插入空白关键帧，将 BELLI1 声音文件从库中拖至舞台中，即在按下按钮时播放声音。

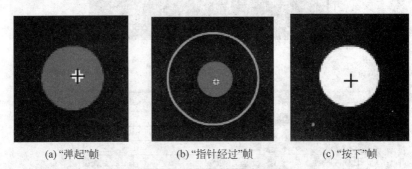

(a) "弹起"帧　　　　(b) "指针经过"帧　　　　(c) "按下"帧

图 14-28　按钮元件各种状态

* 返回场景，设置"按钮"图层为当前图层，将"按钮"元件拖至场景中并放于文字的左侧，此时舞台效果如图 14-29 所示。

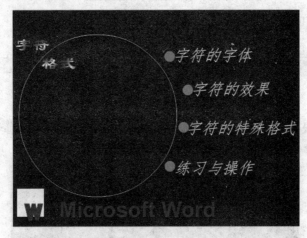

图 14-29　添加"按钮"元件

⑦ 编辑"退出按钮"图层，步骤如下。

* 单击"插入图层"按钮 [图]，新建"图层 6"并将其重命名为"退出按钮"。

* 制作"退出按钮"元件。选择"插入"→"新建元件"菜单命令，在打开的对话框中选择"按钮"，名称输入"退出按钮"，单击"确定"按钮进入按钮元件的编辑状态。用椭圆工具和文本工具在"弹起"帧绘制如图 14-30 所示图形。选中"指针经过"帧按 F6 键插入关键帧，用任意变形工具 [图] 将图形适当放大。选择"按下"帧按 F6 键插入关键帧，用选择工具将图形向右下方移动一小段距离，以产生按钮被按下的效果。

图 14-30　"按钮"元件
弹起帧

* 返回场景，设置"退出按钮"图层为当前图层，将"退出按钮"元件拖至场景中，此时舞台效果如图 14-31 所示。

⑧ 添加帧动作。在"目录"场景任意图层的第 1 帧上右击，选择"动作"命令，打开动作面板，在其中输入语句 stop(); ，如图 14-32 所示。

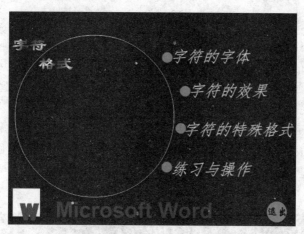

图 14-31 添加"退出按钮"

（5）编辑"字体"场景，步骤如下。

① 单击"编辑场景"按钮，从中选择"字体"，将"字体"场景设置为当前场景。

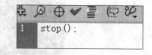

图 14-32 添加代码

② 编辑"字符格式"图层。双击"图层 1"将其重命名为"字符格式"。选择第 1 帧，将"字符格式"图形元件拖至场景中并放在舞台的左上角，选择第 120 帧按 F5 键插入帧，将该图层锁定。

③ 编辑"线动"图层。新建"图层 2"，并将其重命名为"线动"。选择"线动"图层的第 5 帧按 F7 键插入空白关键帧，用直线工具在"字符格式"的下方绘制一条短白线，如图 14-33 所示。选择"线动"图层的第 44 帧，按 F6 键插入关键帧，用任意变形工具将白色线条拉长，如图 14-34 所示。在第 5～44 帧创建形状补间动画，产生线条逐渐拉长的效果，选择"线动"图层的第 120 帧，按 F5 键插入帧，锁定图层。

④ 编辑"santa 动"图层。新建"图层 3"，并将其重命名为"santa 动"。选中"santa 动"图层的第 5 帧按 F7 键插入空白关键帧，将 santa 文件从库中拖至舞台并放在白线的左侧，把 santa 实例转为图形元件，选择"santa 动"图层的第 44 帧，按 F6 键插入关键帧，用选择工具将 santa 拖至舞台的下方，santa 实例第 5、44 帧的位置，如图 14-35 所示，在第 5～44 帧创建运动补间动画，选中"santa 动"图层的第 120 帧，按 F5 键插入帧，锁定该图层。

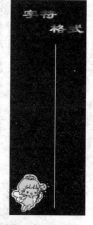

图 14-33 绘制一条短白线　图 14-34 拉长白色线条　图 14-35 santa 第 5、44 帧的位置

⑤ 编辑"图1"图层。新建"图层4",并将其重命名为"图1"。选中"图1"图层的第10帧,按F7键插入空白关键帧,将花图片从库中拖至场景并放在舞台的右侧,效果如图14-36所示,选中"图1"图层的第120帧按F5键插入帧,锁定该图层。

⑥ 编辑"遮罩"图层。新建"图层5",并将其重命名为"遮罩"。选中"遮罩"图层的第10帧,按F7键插入空白关键帧,用椭圆工具在花图片的上面绘制如图14-37所示的白色填充圆,并将其转换为图形元件。选中"遮罩"图层的第44帧,按F6键插入关键帧,用任意变形工具将白色的圆适当放大,在第10～44帧创建动画补间。选中"遮罩"图层的第120帧,按F5键插入帧。在"遮罩"图层上右击将其设置为遮罩层,"图1"图层为被遮罩层,锁定该图层。

图 14-36　将花图片拖至舞台

图 14-37　绘制白色的圆

⑦ 编辑"文字动"图层。新建"图层6",将其重命名为"文字动"。选中"文字动"图层的第15帧,按F7键插入空白关键帧,用文本工具输入文字"字符的字体",并将其置于舞台左边缘外侧,把文字转换成图形元件。选中"文字动"图层的第44帧,按F6键插入关键帧,将

文字水平移至舞台的右下方,在第15～44帧创建动画补间。选中"文字动"图层的第120帧,按F5键插入帧,锁定该图层。

⑧　编辑"文字"图层。新建"图层7",将其重命名为"文字"。选中"文字"图层的第35帧按F7键插入空白关键帧,用文本工具在舞台上输入如图14-38所示文字。选中"文字"图层的第120帧按F5键插入帧,锁定"文字"图层。

⑨　编辑"按钮"图层。新建"图层8",将其重命名为"按钮"。选中"按钮"图层的第35帧按F7键插入空白关键帧,将按钮元件从库中拖至舞台并调整位置,如图14-39所示。选中"按钮"图层的第120帧按F5键插入帧,锁定"按钮"图层。

图 14-38　设置"文字"图层内容

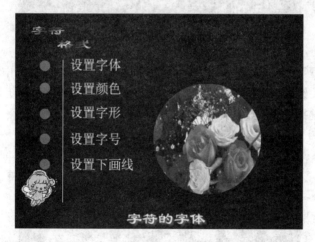

图 14-39　添加按钮

⑩　编辑"返回按钮"图层,步骤如下。

- 新建"图层9",并将其重命名为"返回按钮"。
- 制作"返回按钮"按钮元件。选择"插入"→"新建元件"菜单命令,在打开的对话框中选择"按钮",名称输入"返回按钮",单击"确定"按钮进入按钮元件的编辑状态。在"图层1"上用文本工具和多角星形工具绘制按钮各帧状态,如图14-40所示。新建"图层2",在图层2的"按下"帧按F7键插入空白关键帧,将BELL声音文件拖至舞台中。

(a) "弹起"帧   (b) "指针经过"帧   (c) "按下"帧

图 14-40   按钮各帧状态

- 返回场景,设置"返回按钮"图层为当前图层,选中该图层的第 44 帧,按 F7 键插入空白关键帧,将"返回按钮"元件拖至舞台的左下方。选中该图层的第 120 帧,按 F5 键插入帧,在该图层的第 44 帧上添加帧动作 stop();,锁定该图层。

⑪ 编辑"透明矩形"图层。新建"图层 10",将其重命名为"透明矩形"。选中"透明矩形"图层的第 45 帧,按 F7 键插入空白关键帧,用矩形工具在舞台的右上方绘制一个透明矩形,效果如图 14-41 所示。选中该图层的第 120 帧,按 F5 键插入帧,锁定该图层。

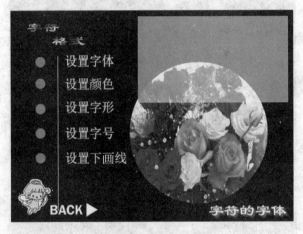

图 14-41   绘制透明矩形

⑫ 编辑"字体框"图层。新建"图层 11",将其重命名为"字体框"。选中该图层的第 45 帧,按 F7 键插入空白关键帧,用矩形工具在舞台上绘制如图 14-42 所示的矩形框。选中该图层的第 60 帧,按 F5 键插入帧,锁定该图层。

图 14-42   绘制黄色矩形

⑬ 编辑"字体图"图层。新建"图层 12",将其重命名为"字体图"。选中该图层的第 45 帧,按 F7 键插入空白关键帧,将 P1 图片拖放至舞台右侧的外面,选中"字体图"图层的第 60 帧,按 F6 键插入关键帧,用选择工具将舞台外的 P1 图片向左移至花图片的上面,在该图层的第 45~60 帧创建动画补间,产生 P1 图片从右向左移动的效果。选中第 45 帧,在属性面板中为该帧设置帧标签 zt,选中第 60 帧,为该帧添加帧动作 stop();,锁定该图层。

⑭ 编辑"字体字"图层。新建"图层 13",将其重命名为"字体字"。选中该图层的第 45 帧,按 F7 键插入空白关键帧,用文本工具在舞台上方的外侧输入实例中相应的文字并将文字转换为图形元件,选中该图层的第 60 帧,按 F6 键插入关键帧,将舞台上的文字向下移动至透明矩形的中间位置,在该图层的第 45~60 帧创建运动补间动画,产生文字从上向下移动的效果,锁定该图层。

⑮ 按钮与相关内容进行链接。选中"设置字体"前的按钮实例,在按钮上右击,在菜单中选择"动作"命令,打开动作面板,在该面板中输入如图 14-43 所示的代码。

⑯ 用同样的方法,完成"设置颜色""设置字形"等项的设置及链接。

（6）添加代码完成场景间的调用。选中"目录"场景中"字符的字体"前面的按钮实例,在按钮上右击,选择"动作"命令,为该按钮添加动作,如图 14-44 所示。选中"字体"场景中的"返回"按钮,为该按钮添加动作,如图 14-45 所示。

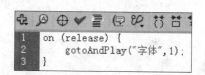

图 14-43　添加按钮动作　　　　图 14-44　为"字符的字体"按钮添加动作

提示：读者可参考上述思路新建场景,完成"字符的效果""字符的特殊格式"等其他分支的设置。

（7）实现退出程序功能。选中"目录"场景中的"退出"按钮实例,为其添加动作,如图 14-46 所示。

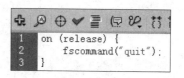

图 14-45　为"返回"按钮添加动作　　　　图 14-46　"退出"按钮动作

本项目通过制作"少儿看图写单词课件"和"计算机教学课件",了解用 Flash 制作课件的基本思路和步骤,并通过拓展任务更深一步理解多场景概念,掌握多场景的应用方法及技巧。

实战训练　制作多媒体教学课件

从所学语文教材中选择一篇课文制作教学课件,要求具备以下要点。

(1) 应用多场景技巧,有课文题目及课文具体内容分析。

(2) 要易于操作,逻辑性强。

项目 15

公益广告的制作

公益广告是指为了营造一种气氛和声势,即某种社会氛围,向公众输送某种文明道德观念,以提高他们的文明程度,获取良好的社会效益的广告。公益广告的特点是很短的几个情节却能留给观众深刻的印象,并带来深入心灵的遐想,要能捕获观众的心,要扣住主题进行渲染。公益广告的主要作用有两个:一是传播社会文明,弘扬道德风尚;二是企业通过它树立自身良好的社会形象,巩固自己的品牌形象。

学 习 目 标

◇ 了解公益广告的设计知识。
◇ 掌握手写字效果的制作和鼠标指针隐藏的设置。

1.公益广告的类型

从公益广告题材上分,可分为政治政策类:如迎奥运、科技兴国、推进民主和法制、扶贫等;节日类:如劳动节、教师节、重阳节、植树节等;社会文明类:如保护环境、节约用水、关心残疾人等;健康类:如反对吸烟、全民健身、爱眼等;社会焦点类:如失业、打假、扫黄、打非、反毒、希望工程等。

2.公益广告创作的原则和特征

公益广告的创作,既要遵循一般广告的创作原则,又要体现公益广告的个性原则。公益广告创作的个性原则包括以下几方面。

(1)思想性原则

要把思想性和艺术性统一起来,融思想性于艺术性中,让受众自己去思考、去体会。

(2)倡导性原则

倡导性原则要求采取"以正面宣传为主,提醒规劝为辅"的方式,与公众进行平等的交流。

（3）情感性原则

人的态度是扎根于情感中的。如果能让观念依附在较易被感知的情感成分上，就会引起人的共鸣。

3. 公益广告的创意

创意就是创造性的想法，是表现设计主题的新颖构想、意念、主意等，是综合运用各种天赋能力和专业技术，由现有的资源中求得新概念、新做法、新样式的过程。创意是设计的思想内涵与灵魂，是具有艺术手段，创造出一个新颖独特的构想、意念和意境的全部过程。

设计人员要有对图像、色彩、空间观念的敏感度，文案人员要有对文字、语言的敏感度。但如果想成为有创意的设计师，关键在想象力。想象力可谓创意力的催化剂，它可以将设计者脑中存在的感化能力、专业技能和生活经验，调配成精彩的想法。

4. 公益广告的制作流程

公益广告的制作流程包括确定主题、收集相关素材、手绘原画、动画设计、场景设计、后期制作。

项目任务　制作文明礼仪伴我行公益广告

制作文明礼仪伴我行公益广告。每天早晨小明背着书包去上学，走在路上，发现墙壁上贴有许多小广告，小明开始清除广告。因为保护城市环境是我们大家的责任，需要大家的共同努力使城市环境保持整洁干净。最后，小明高兴地向学校跑去，最终效果如图 15-1 所示。

图 15-1　公益广告效果图

首先构思文明礼仪伴我行公益广告故事情景，手绘背景图、人物等原始绘画，建立多个画面场景，制作动画效果。

（1）建立"开头"画面。新建 Flash 文件。选择"修改"→"文档"菜单命令，在打开的"文档属性"对话框中，设置舞台大小为 400×250px，背景色为黑色，帧频为 24fps，然后单击"确定"按钮。

① 绘制"背景"图形元件。选择"插入"→"新建元件"菜单命令，打开"创建新元件"对话框，类型为"图形"，名称为"背景"，单击工具栏上的工具绘制背景图形，如图 15-2 所示。

图 15-2　背景图形

② 建立"文字"影片剪辑。选择"插入"→"新建元件"菜单命令，打开"创建新元件"对话框，类型为"图形"，名称为"文字"。单击文本工具，在舞台中输入文字，按两次 Ctrl+B 组合键使其打散。制作成各笔画图形元件，如图 15-3 所示。

、 、 ⺀ ⺀ ⼆ 一 二 十 ナ ナ 亠 亠 亇 文 文 文

图 15-3　各笔画图形元件

选择"插入"→"新建元件"菜单命令，打开"创建新元件"对话框，类型为"影片剪辑"，名称为"文"。在图层的第 2 帧右击选择"插入关键帧"命令，把建好的"文 1"图形元件拖入舞台中，位置为（x：−85.0，y：−11.6），设置大小为（宽：3.5，高：15.1），在第 3 帧右击选择"插入帧"命令，在第 4 帧右击选择"插入关键帧"命令，把建好的"文 2"拖入舞台中，位置为（x：−85.0，y：−11.6），设置大小为（宽：5.1，高：3.8），在第 5 帧右击选择"插入帧"命令，在第 6 帧右击选择"插入关键帧"命令，把建好的"文 3"拖入舞台中，位置为（x：−91.0，y：−11.6），设置大小为（宽：11.1，高：8.8），在第 7 帧右击选择"插入帧"命令，在第 8 帧右击选择"插入关键帧"命令，把建好的"文 4"拖入舞台中，位置为（x：−91.0，y：−11.6），设置大小为（宽：22.4，高：20.9），在第 9 帧右击选择"插入帧"命令，同样方法制作后面的笔画影片剪辑，如图 15-4 所示。

"明""礼""仪""伴""我""行"影片剪辑步骤同上。选择"插入"→"新建元件"菜单命令，打开"创建新元件"对话框，类型为"影片剪辑"，名称为"文明礼仪伴我行"。把建好的"文""明""礼""仪""伴""我""行"影片剪辑拖入舞台中即可。

图 15-4 "文"影片剪辑

新建"图层 7",在第 360 帧右击选择"插入关键帧"命令,单击文本工具输入 WEN MING LI YI BAN WO XING,位置在"文明礼仪伴我行"的下方。在第 400 帧右击选择"插入关键帧"命令,在第 360~400 帧任意位置右击选择"创建补间动画"命令,在第 410 帧右击选择"插入关键帧"命令,在第 400~410 帧任意位置右击选择"创建补间动画"命令。

新建"图层 8",在第 360 帧右击选择"插入关键帧"命令,单击矩形工具绘制一个矩形条,如图 15-5 所示。在第 410 帧右击选择"插入帧"命令,在图层上右击选择"遮罩层"命令,如图 15-6 所示。

图 15-5 矩形条效果图

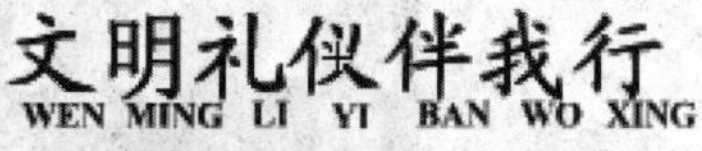

文明礼似伴我行
WEN MING LI YI BAN WO XING

图 15-6 "文明礼仪伴我行"效果图

③ 建立 play 按钮元件。选择"插入"→"新建元件"菜单命令,打开"创建新元件"对话框,类型为"按钮",名称为 play,效果如图 15-7 所示。

图 15-7 play 按钮步骤及示意图

④ 制作"框"图形元件。选择"插入"→"新建元件"菜单命令,打开"创建新元件"对话框,类型为"图形",名称为"框"。单击"矩形工具"制作方块,效果如图 15-8 所示。

⑤ 制作"箭头"影片剪辑。选择"插入"→"新建元件"菜单命令,打开"创建新元件"对话框,类型为"影片剪辑",名称为"箭头"。单击铅笔工具绘制箭头,效果如图 15-9 所示。

图 15-8 框图形元件

图 15-9 "箭头"影片剪辑

⑥ 制作场景1。返回到场景,在"图层1"把建好的"背景"图形元件拖入图层中,在第415帧右击选择"插入帧"命令。

新建"图层2",把建好的"文明礼仪伴我行"影片剪辑拖入图层中,位置为(x:110.5,y:58.9)。在第415帧右击选择"插入帧"命令。

新建"图层3",在第415帧右击选择"插入关键帧"命令,把建好的play按钮拖入舞台中,位置为(x:26.5,y:88.2),设置大小为(宽:101.0,高:58.0)。

新建"图层4",在第1帧把建好的"框"图形元件拖入舞台中,在第415帧右击选择"插入帧"命令,效果如图15-10所示。

图15-10 场景1效果图

(2) 建立第二个画面,步骤如下。

① 选择"插入"→"新建元件"菜单命令,打开"创建新元件"对话框,类型为"图形",名称为"背景1"。单击工具栏上的工具绘制背景1图形,效果如图15-11所示。

② 建立"书包"图形元件。选择"插入"→"新建元件"菜单命令,打开"创建新元件"对话框,类型为"图形",名称为"书包"。单击工具栏上的工具绘制书包图形,效果如图15-12所示。

图15-11 "背景1"图形元件   图15-12 "书包"图形元件

③ 建立"人物1"影片剪辑。选择"插入"→"新建元件"菜单命令,打开"创建新元件"对话框,类型为"图形",名称为"人物",单击工具栏上的工具绘制人物图形,效果如图15-13所示。

选择"插入"→"新建元件"菜单命令,打开"创建新元件"对话框,类型为"图形",名称为"嘴",单击椭圆工具绘制一个圆,内填充红色,效果如图15-14所示。

图 15-13　"人物"图形元件　　　　　　　图 15-14　"嘴"图形元件

选择"插入"→"新建元件"菜单命令,打开"创建新元件"对话框,类型为"影片剪辑",名称为 z,效果如图 15-15 所示。

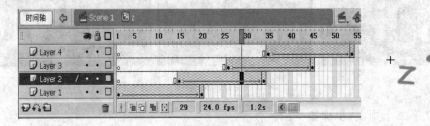

图 15-15　z 影片剪辑制作步骤及效果图

新建"人物 1"影片剪辑在图层 1 把建好的"人物"拖入舞台中,在第 70 帧右击选择"插入帧"命令。

新建"图层 2"把建好的"亮度"图形元件拖入舞台中,在第 70 帧右击选择"插入帧"命令。

新建"图层 3"把建好的"嘴"图形元件拖入舞台中,设置大小为(宽:12.4,高:17.1)。在第 14 帧右击选择"插入关键帧"命令,单击"任意变形工具"使其变大,设置大小为(宽:17.6,高:31.3)。在第 1～14 帧右击选择"创建补间动画"命令,在属性面板中单击"补间"选择"形状",在第 15 帧右击选择"插入关键帧"命令,在第 24 帧右击选择"插入关键帧"命令,设置大小为(宽:12.4,高:17.1),其他步骤同上。

新建"图层 4"在第 18 帧右击选择"插入关键帧"命令,在第 70 帧右击选择"插入帧"命令,效果如图 15-16 所示。

图 15-16　"人物 1"影片剪辑

④ 建立"场景2"。单击"窗口"→"其他面板"→"场景",单击 ➕ 增加场景。在"场景2"的"图层1"中双击名称改为"框",把建好的"框"图形元件拖入舞台中,在第201帧右击选择"插入帧"命令。

新建"图层2"改名为"背景1",把建好的"背景1"拖入舞台中,在第201帧右击选择"插入关键帧"命令,在第1～201帧任意位置右击选择"创建补间动画"命令,效果如图15-17所示。

图15-17　图层2关键帧效果图

新建"图层3"改名为"人物",把建好的"人物1"影片剪辑拖入舞台中,在第201帧右击选择"插入帧"命令。

新建"图层4"改名为"书包"。把建好的"书包"图形元件拖入图层中,在第201帧右击选择"插入帧"命令,效果如图15-18所示。

（3）建立第三个画面,步骤如下。

① 绘制钟表,效果如图15-19所示。

② 绘制"背景2"。选择"插入"→"新建元件"

图15-18　场景2效果图

菜单命令,打开"创建新元件"对话框,类型为"图形",名称为"背景2",单击工具栏上的工具绘制背景2,效果如图15-20所示。

图15-19　钟表的部分元件

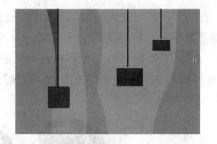

图15-20　背景2效果图

③ 新建"人物3"影片剪辑。选择"插入"→"新建元件"菜单命令,打开"创建新元件"对话框,类型为"影片剪辑",名称为"头",单击工具栏上的工具绘制图形,按照如图15-21和图15-22所示制作影片剪辑。

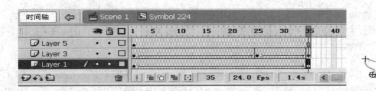

图 15-21　嘴、头动步骤之 1

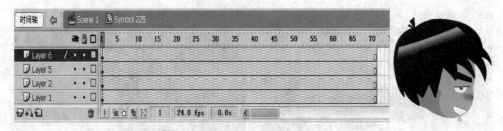

图 15-22　嘴、头动步骤之 2

选择"插入"→"新建元件"菜单命令，打开"创建新元件"对话框，类型为"图形"，名称为"身"，单击工具栏上的工具绘制图形，效果如图 15-23 所示。

选择"插入"→"新建元件"菜单命令，打开"创建新元件"对话框，类型为"影片剪辑"，名称为"人物 3"。

在"图层 1"，把建好的"头"影片剪辑拖入舞台中，位置为（x：−235.9，y：−104.8），设置大小为（宽：256.1，高：256.1）。在第 40 帧右击选择"插入关键帧"命令，位置为（x：−99.4，y：−157.3），设置大小为（宽：194.7，高：205.2）。在第 1～40 帧　图 15-23　"身"图形元件右击选择"创建补间动画"命令。在第 90 帧右击选择"插入关键帧"命令，在第 40～90 帧任意位置右击选择"插入关键帧"命令，在第 91 帧右击选择"插入关键帧"命令，位置为（x：−93.8，y：−148.7）。在第 125 帧右击选择"插入关键帧"命令，位置为（x：−138.6，y：−161.9），在第 91～125 帧任意位置右击选择"创建补间动画"命令。

在"图层 2"中放置"身"图形元件，位置为（x：−71.3，y：45.2），在第 40 帧右击选择"插入关键帧"命令，位置为（x：−42.5，y：17.1），在第 1～40 帧任意位置右击选择"创建补间动画"命令。在第 125 帧右击选择"插入关键帧"命令，在第 40～125 帧任意位置右击选择"创建补间动画"命令，效果如图 15-24 所示。

图 15-24　"人物 3"效果图

新建"图层3",名称改为"动作"。在第125帧右击选择"动作"命令,输入stop();。

④ 新建"人物4"影片剪辑。选择"插入"→"新建元件"菜单命令,打开"创建新元件"对话框,类型为"图形",名称为"手"。单击工具栏上的工具绘制手,效果如图15-25所示。

选择"插入"→"新建元件"菜单命令,打开"创建新元件"对话框,类型为"图形",名称为"人",单击工具栏上的工具绘制人,效果如图15-26所示。

图15-25　"手"图形元件　　　　　图15-26　"人"图形元件

选择"插入"→"新建元件"菜单命令,打开"创建新元件"对话框,类型为"影片剪辑",名称"人物4"。把建好的"人"图形元件拖入舞台中,在第50帧右击选择"插入帧"命令。新建"图层2",把建好的"书包"图形元件拖入舞台中,在第40帧右击选择"插入关键帧"命令,书包向上移动。在第50帧右击选择"插入关键帧"命令,把书包移回第1帧的位置。在第40~50帧任意位置右击选择"创建补间动画"命令。新建"图层3",把建好的"手"图形元件拖入舞台中,在第50帧右击选择"插入帧"命令。新建"图层4",把建好的"人"拖入舞台中,在第50帧右击选择"插入关键帧"命令。新建"图层5",在第50帧右击选择"插入关键帧"命令,右击选择"动作"命令,输入stop(),效果如图15-27所示。

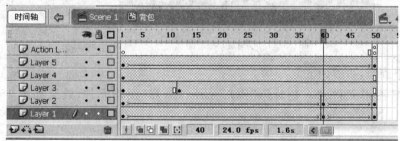

图15-27　"人物4"效果图

⑤ 返回场景2,在"图层1"把"背景2"拖入舞台中,位置为(x:115.2,y:16.7),在第128帧右击选择"插入关键帧"命令,位置为(x:-38.7,y:-8.0)。在第1~128帧任意位置右击选择"创建补间动画"命令,在第292帧右击选择"插入关键帧"命令,在第128~292帧任意位置右击选择"创建补间动画"命令。在第293帧右击选择"插入关键帧"命令,把建好的"背景3"拖入舞台中,在第336帧右击选择"插入帧"命令,在第337帧右击选择"插入关键帧"命令,把"背景2"拖入舞台,在第503帧右击选择"插入帧"命令。

新建"图层2",把"钟表"拖入舞台中,位置为(x:115.5,y:16.7),在第128帧右击选择"插入关键帧"命令,位置为(x:156.1,y:18.9)。在第1~128帧任意位置右击选择"创建补间动画"命令。在第192帧右击选择"插入帧"命令。

新建"图层 3",在第 293 帧右击选择"插入关键帧"命令,把建好的"书包"拖入舞台中,在第 396 帧右击选择"插入帧"命令。

新建"图层 4",在第 293 帧右击选择"插入关键帧"命令,在第 396 帧右击选择"插入关键帧"命令,在第 293～396 帧任意位置右击选择"创建补间动画"命令,如图 15-28 所示。

图 15-28　手拿书包效果图

新建"图层 5",在第 337 帧右击选择"插入关键帧"命令,把建好的"背包"影片剪辑拖入舞台。

新建"图层 6",单击"文本工具"输入文字,效果如图 15-29 所示。

图 15-29　背书包效果图

(4) 建立第四个画面,步骤如下。

① 新建"背景 4"图形元件、"人物背影"图形元件、"云彩"图形元件,效果如图 15-30 所示。

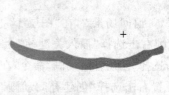

图 15-30　"背景 4""人物背景""云彩"图形元件

② 建立"头摆"影片剪辑。选择"插入"→"新建元件"菜单命令,打开"创建新建元件"对话框,类型为"图形元件",名称为"身组件",效果如图 15-31 所示。

选择"插入"→"新建元件"菜单命令,打开"创建新建元件"对话框,类型为"图形元件",名称为"侧头",效果如图 15-32 所示。

图 15-31　"身组件"图形元件

图 15-32　"侧头"图形元件

把"图层 1"改名为 Layer 1。在第 5 帧右击选择"插入关键帧"命令,把建好的"身组件"图形元件拖入舞台中,位置为(x：-52.0,y：20.6),设置大小为(宽：110.6,高：66.3),在第 161 帧右击选择"插入帧"命令。

新建"图层 2",改名为 Layer 2。把建好的"侧头"图形元件拖入舞台中,位置为(x：-70.2,y：-91.2),设置大小为(宽：140.8,高：180.1)。在第 4 帧右击选择"插入帧"命令。

新建"图层 3",改名为 Layer 3。把建好的"侧头"图形元件拖入舞台中,位置为(x：-55.4,y：-67.8),设置大小为(宽：108.5,高：23.1),在第 5 帧右击选择"插入关键帧"命令,在第 161 帧右击选择"插入帧"命令,效果如图 15-33 所示。

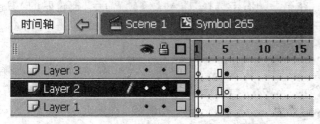

图 15-33　头摆影片剪辑

③ 把创建好的图形元件和影片剪辑拖入图层中,效果如图 15-34 所示。

图 15-34　第四个画面

(5) 建立第五个画面,步骤如下。

① 用工具栏上的工具绘制"背景 5",效果如图 15-35 所示。

② 新建"对话"影片剪辑。

选择"插入"→"新建元件"菜单命令,打开"创建新建元件"对话框,类型为"影片剪辑",名称为"对话",效果如图 15-36 所示。把"图层 1"改名为"人背影"。把建好的"背景 4"图形元件拖入舞台中,位置为(x:−17.8,y:−28.9),设置大小为(宽:36.5,高:52.4),选中"背景 4"中的"人物背影",右击选择"剪切"命令,在第 5 帧右击选择"插入空白帧"命令,右击选择"粘贴"命令。

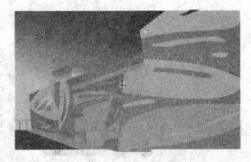

图 15-35　背景 5 效果图

新建"图层 2",改名为"头侧面"。把建好的"侧头"图形元件拖入舞台中。位置为(x:−14.9,y:−22.0),设置大小为(宽:28.6,高:7.2),在第 125 帧右击选择"插入帧"命令。

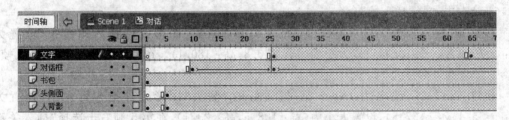

图 15-36　"对话"影片剪辑时间轴

新建"图层 3",改名为"书包"。在第 5 帧右击选择"插入关键帧"命令,把建好的"书包"图形元件拖入舞台中,位置为(x:−15.2,y:−32.7),设置大小为(宽:34.9,高:39.6),在第 125 帧右击选择"插入帧"命令。

新建"图层 4",改名为"对话框"。在第 10 帧右击选择"插入关键帧"命令,单击选择钢笔工具绘制对话框,位置为(x:−28.3,y:−32.4),设置大小为(宽:14.1,高:15.1),在第 26 帧右击选择"插入关键帧"命令,位置为(x:−50.5,y:−56.8),设置大小为(宽:30.4,高:32.6),在第 10~26 帧任意位置右击选择"创建补间动画"命令。在第 125 帧右击选择"插入关键帧"命令,在第 26~125 帧任意位置右击选择"创建补间动画"命令,效果如图 15-37 所示。

新建"图层 7",改名为"文字"。在第 26 帧右击选择"插入关键帧"命令,单击文本工具,设置字体为"黑体",字号为 8 号,颜色为#02C8F9,设置位置为(x:−46.4,y:−52.6),设置大小为(宽:26.9,高:16.4)。在第 64 帧右击选择"插入帧"命令,在第 65 帧右击选择"插入关键帧"命令,在第 125 帧右击选择"插入帧"命令,效果如图 15-38 所示。

图 15-37　"对话框"效果图

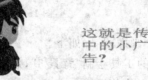

图 15-38　"文字"效果图

③ 新建"擦除动作"影片剪辑。将建好的"手""胳膊""人物背影""书包""文字"元件,依据如图 15-39 所示时间轴效果,完成擦除小广告的动画。

图 15-39 "擦除动作"影片剪辑

④ 把建好的"背景 5"拖入图层中,在第 181 帧右击选择"插入帧"命令。把建好的其他影片剪辑、图形元件拖入舞台中,效果如图 15-40 所示。

图 15-40 擦除小广告效果图

(6) 建立第六个画面,步骤如下。

① 新建"跑步"影片剪辑,效果如图 15-41 所示。

② 建立"文字"图形元件。选择"插入"→"新建元件"菜单命令,打开"创建新建元件"对话框,类型为"图形",名称为"文字",效果如图 15-42 所示。

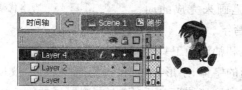

图 15-41 "跑步"影片剪辑　　　　图 15-42 "文字"图形元件

③ 新建"背景"图形元件。选择"插入"→"新建元件"菜单命令,打开"创建新建元件"对话框,类型为"图形",名称为"背景",选择绘图工具,在舞台中绘制如图 15-43 所示的背景画面。

④ 把建好的图形元件拖入图层中,依据如图 15-44 所示效果完成动画的制作。

将"文字"图形元件拖入舞台中,制作逐渐变浅的动画效果,制作小明由右向左快速跑过

图 15-43   背景图形元件

图 15-44   第六个画面效果图

的动画,制作背景图形元件做成淡入淡出的动画。

(7)保存文件并测试。

1.设置鼠标指针隐藏

在动作面板中输入脚本代码,如图 15-45 所示。

2.手写字效果的制作

制作手写字的方法很多,如项目任务中"文明礼仪伴我行"影片剪辑采用将文字拆分成若干笔画来完成的动画制作。也可采用遮罩的方法来制作手写字。

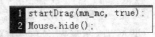

图 15-45   脚本代码

首先建立"毛笔"图形元件,利用钢笔和油漆桶工具,绘制毛笔图形。

接着建立"文字"图形元件,选择适当的字体、字形、字号和颜色,输入文字"文明"。

在场景中,建立三个图层,分别为"文字""遮罩"和"毛笔"。在遮罩层的第 1 帧,绘制小矩形放在笔画"点"上,在第 2 帧插入关键帧使矩形放大,在第 3 帧插入关键帧,再绘制一个小矩形放在笔画"横"上,在第 5 帧插入关键帧,使矩形变大遮罩笔画"横"。在"毛笔"层的第2、3、5 帧插入关键帧,移动笔的位置到笔画"点"的下方、笔画"横"的左方和笔画"横"的右方。创建"毛笔"层各关键帧之间的运动渐变动画,得到笔移动书写的效果。时间轴如图 15-46 所示。

图 15-46 时间轴

拓展任务　制作"讲文明,爱环境"公益宣传动画

在繁华的都市大街上,从一辆公共汽车的窗子抛出一个塑料袋,随风飘荡,飘呀飘,飘落到一幢高楼阳台的仙人掌上,一位正在吃着瓜子的人随手又将塑料袋向楼下一抛,塑料袋再次飘呀飘,飘到公园的马路上,这时走过一位行人,弯下身捡起了塑料袋,将它扔进垃圾箱,引出"讲文明,爱环境"的公益广告语,最终效果如图 15-47 所示。

图 15-47 "讲文明,爱环境"效果图

(1) 新建 Flash 文件。选择"修改"→"文档"菜单命令,在打开的"文档属性"对话框中,设置舞台大小为 720×576px,背景为♯00CCFF,帧频为 25fps,然后单击"确定"按钮。

(2) 新建"场景 1",步骤如下。

① 选择"插入"→"新建元件"菜单命令,打开"创建新元件"对话框,类型为"图形",名称为"背景 1"和"背景 2"图形元件。单击工具栏上的工具分别绘制"背景 1"和"背景 2"图形,如图 15-48 所示。

② 新建"车"影片剪辑。选择"插入"→"新建元件"菜单命令,打开"创建新元件"对话框,类型为"图形",名称为"车身",单击工具栏上的工具绘制"车身"图形,如图 15-49 所示。接着制作"玻璃""内侧"图形元件,如图 15-49 所示。

选择"插入"→"新建元件"菜单命令,打开"创建新元件"对话框,类型为"图形",名称为"车轮胎"。单击工具栏上的工具绘制"车轮胎"图形,如图 15-50 所示。

图 15-48　绘制背景 1 和背景 2 图形

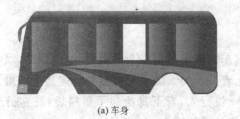

(a) 车身　　　　　　　　　　(b) 玻璃　　　　　(3) 内侧

图 15-49　车身及部件

选择"插入"→"新建元件"菜单命令,打开"创建新元件"对话框,类型为"影片剪辑",名称为"车"。把建好的"车身"拖入舞台中,在第 3 帧右击选择"插入帧"命令。

新建"图层 2",改名为"左车轮胎",把建好的"车轮胎"图形元件拖入舞台中,在第 3 帧右击选择"插入关键帧",单击"任意变形工具"把轮胎位置换一下,在第 1～3 帧任意位置右击选择"创建补间动画"命令。同上方法制作"右车轮胎"图层,效果如图 15-51 所示。

图 15-50　车轮胎

图 15-51　"车"影片剪辑

③ 新建"车 2"影片剪辑。在第 1 帧把建好的"车"影片剪辑拖入此图层中,在第 4 帧右击选择"插入帧"命令。

新建"图层 2",把建好的"玻璃"元件拖入此图层中,在第 4 帧右击选择"插入关键帧"命令,位置为(x:242.0,y:303.6),在第 14 帧右击选择"插入关键帧"命令,位置为(x:20,y:303.6),在第 4～14 帧任意位置右击选择"创建补间动画"命令。

选择"插入"→"新建元件"菜单命令,打开"创建新元件"对话框,类型为"图形",名称为"手臂",如图 15-52 所示。

新建"图层3",在第14帧右击选择"插入关键帧"命令,位置为(x:221.8,y:336.8),在第24帧右击选择"插入关键帧"命令,位置为(x:199.3,y:336.8)。

图15-52 手臂

④ 新建"塑料袋"影片剪辑。导入图片。将素材库中的"袋子"导入元件库中。选择"插入"→"新建元件"菜单命令,打开"创建新元件"对话框,类型为"图形",名称为"袋子",把位图拖入舞台中,按Ctrl+B组合键使其打散。

选择"插入"→"新建元件"菜单命令,打开"创建新元件"对话框,类型为"影片剪辑",名称为"袋"。在图层1把建好的"袋子"拖入舞台中,在第2帧右击选择"插入帧"命令。新建"图层2",在第3帧右击选择"插入关键帧",把"袋子"图形元件拖入舞台中,在第4帧右击选择"插入帧"命令。新建"图层3",在第5帧右击选择"插入关键帧"命令,把建好的"袋子"图形元件拖入舞台中,在第6帧右击选择"插入帧"命令,如图15-53所示。

图15-53 袋子

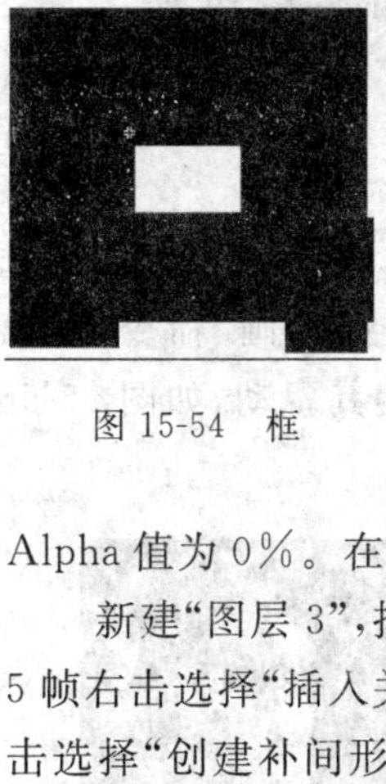

⑤ 制作汽车行驶场景。返回场景1,新建"框"图形元件,如图15-54所示。在"图层1"把建好的"框"图形元件拖入舞台中,在第6帧右击选择"插入帧"命令。

图15-54 框

新建"图层2",把建好的"背景1"拖入舞台中,位置为(x:−511.4,y:−415.2),在第5帧右击选择"插入关键帧"命令,在第1~5帧右击选择"创建补间动画"命令,在第40帧右击选择"插入关键帧"命令,位置为(x:−513.4,y:−576.2),在第5~40帧任意位置右击选择"创建补间动画"命令。在第103帧右击选择"插入关键帧"命令,Alpha值为0%。在第40~103帧任意位置右击选择"创建补间动画"命令。

新建"图层3",把建好的"车"影片剪辑拖入舞台中,位置为(x:607.0,y:363.1),在第5帧右击选择"插入关键帧"命令,位置为(x:548.2,y:259.2)。在第1~5帧任意位置右击选择"创建补间形状"命令,在第83帧右击选择"插入关键帧"命令,在第103帧右击选择"插入关键帧"命令,Alpha值为0%。在第83~103帧任意位置右击选择"创建补间动画"命令。

新建"图层4",在第78帧右击选择"插入关键帧"命令,把建好的"背景2"拖入舞台中,Alpha值为0%。在第104帧右击选择"插入关键帧"命令。在第78~104帧任意位置右击选择"创建补间形状"命令,在第201帧右击选择"插入帧"命令。

新建"图层5",在第78帧右击选择"插入关键帧"命令,把建好的"车"拖入舞台中,Alpha值为0%,在第104帧右击选择"插入关键帧"命令,位置为(x:114.6,y:273.4),在第 78～104 帧任意位置右击选择"创建补间动画"命令。在第 128 帧右击选择"插入关键帧"命令,位置为(x：－33.2,y：273.4),在第 104～128 帧任意位置右击选择"创建补间动画"命令。在第 129 帧右击选择"插入关键帧"命令,把建好的"车 2"拖入舞台中,在第 148 帧右击选择"插入关键帧"命令,在第 129～148 帧任意位置右击选择"创建补间动画"命令,在第 203 帧右击选择"插入关键帧"命令。在第 148～203 帧任意位置右击选择"创建补间动画"命令。场景 1 如图 15-55 所示。

图 15-55　场景 1 示意图

⑥ 新建"图层 6",在第 160 帧把建好的"袋"影片剪辑拖入舞台中,在第 203 帧右击选择"插入关键帧"命令,在第 160～203 帧任意位置右击选择"创建补间动画"命令,在第 204 帧右击选择"插入关键帧"命令,单击,用铅笔工具画出轨迹,使其飘动,如图 15-56 所示。

图 15-56　塑料袋飘荡效果图

(3) 新建"场景 2",步骤如下。

① 选择"插入"→"新建元件"菜单命令,打开"创建新元件"对话框,类型为"图形",名称为"背景 3",单击工具栏上的工具绘制"背景 3"图形,同样方法制作"背景 4"图形元件,如图 15-57 所示。

图 15-57　"背景 3""背景 4"图形元件

② 回到场景中,在图层 1 拖入"背景 3"图形元件,在第 287 帧右击选择"插入关键帧"命令,位置往右移动,在第 1~287 帧任意位置右击选择"创建补间动画"命令。

新建"图层 2",把建好的"袋子"拖入舞台中,在第 287 帧右击选择"插入关键帧"命令,在第 1~287 帧任意位置右击选择"创建补间动画"命令。单击 用铅笔工具画出轨迹,使其飘动,如图 15-58 所示。

图 15-58　袋子飘动示意图

(4) 建立"场景 3",步骤如下。

① 选择"插入"→"新建元件"菜单命令,打开"创建新元件"对话框,类型为"图形",名称为"背景 5",如图 15-59 所示。

② 新建"飘浮的袋子"。按照图 15-60 制作塑料袋飘浮的动画效果。

③ 新建"仙人掌"图形元件。选择"插入"→"新建元件"菜单命令,打开"创建新元件"对话框,类型为"图形",名称为"仙人掌"。单击工具栏上的工具绘制"仙人掌"图形,如图 15-61 所示。

图 15-59　背景 5

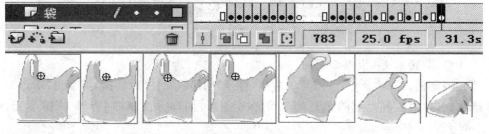

图 15-60　飘浮的袋子动画

选择"插入"→"新建元件"菜单命令,打开"创建新元件"对话框,类型为"图形",名称为"人"。单击工具栏上的工具绘制"人"图形,如图 15-62 所示。

图 15-61 "仙人掌"图形元件

图 15-62 "人"图形元件

返回场景,把建好的"背景 5"拖入舞台中,在第 118 帧右击选择"插入帧"命令。

新建"图层 2",把建好的"仙人掌"图形元件拖入舞台中。在第 198 帧右击选择"插入帧"命令,在第 210 帧右击选择"插入关键帧"命令,在第 198～210 帧右击选择"创建补间动画"命令。

新建"图层 3",把建好的"袋子"拖入舞台中,在第 100 帧右击选择"插入关键帧"命令,在第 1～100 帧任意位置右击选择"创建补间动画"命令。在第 101 帧右击选择"插入关键帧"命令,把建好的"袋子"图形元件拖入舞台中,在第 200 帧右击选择"插入帧"命令。

新建"图层 4",把建好的"人"图形元件拖入图层中,在第 100 帧右击选择"插入关键帧"命令,在第 200 帧右击选择"插入关键帧"命令,如图 15-63 所示。

图 15-63 场景 3 效果图

(5) 新建"场景 4",步骤如下。

① 选择"插入"→"新建元件"菜单命令,打开"创建新元件"对话框,类型为"图形",名称为"背景 6",单击工具栏上的工具绘制背景 6 图形,同样方法制作"背景 6"图形元件,如图 15-64 所示。

② 新建"气球"影片剪辑。选择"插入"→"新建元件"菜单命令,打开"创建新元件"对话框,类型为"图形",名称为"气球"。单击工具栏上的工具绘制气球图形,如图 15-65 所示。

选择"插入"→"新建元件"菜单命令,打开"创建新元件"对话框,类型为"影片剪辑",名

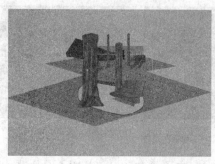

图 15-64 "背景 6""背景 7"图形元件

称为"气球"。把建好的"气球"图形元件拖入舞台中,在第 10 帧右击选择"插入关键帧"命令,单击任意变形工具改变大小,在第 1~10 帧右击选择"创建补间动画"命令。

③ 新建"人物"影片剪辑。选择"插入"→"新建元件"菜单命令,打开"创建新元件"对话框,类型为"图形",名称为"人物"。单击工具栏上的工具绘制人物图,如图 15-66 所示。

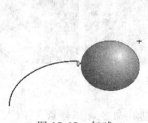

图 15-65 气球　　　　　　图 15-66 人物

选择"插入"→"新建元件"菜单命令,打开"创建新元件"对话框,类型为"影片剪辑",名称为"人物",按照如图 15-67 所示效果制作影片剪辑。

图 15-67 人物影片剪辑动画

④ 新建"谢谢"影片剪辑。选择"插入"→"新建元件"菜单命令,打开"创建新元件"对话框,类型为"图形",名称为"谢",单击文本工具输入文字。

选择"插入"→"新建元件"菜单命令,打开"创建新元件"对话框,类型为"影片剪辑",名称为"谢"。把建好的"谢"影片剪辑拖入舞台中,在第 10 帧右击选择"插入关键帧"命令,在第 1~10 帧任意位置右击选择"创建补间动画"命令,在第 15 帧右击选择"插入帧"命令。

新建"图层 2",在第 5 帧右击选择"插入关键帧"命令,把建好的"谢"图形元件拖入舞台中,在第 15 帧右击选择"插入关键帧"命令,改变位置。在第 5~15 帧任意位置右击选择"创建补间动画"命令,如图 15-68 所示。

图 15-68 "谢谢"动画效果图

⑤ 建立"场景 4"。在图层 1 把建好的"背景 6"拖入舞台中,在第 8 帧右击选择"插入帧"命令。

新建"图层 2",把建好的"塑料袋"影片剪辑拖入舞台中,再单击 用铅笔工具绘制出一条轨迹,如图 15-69 所示。

图 15-69 塑料袋飘浮轨迹

新建"图层 3",在第 8 帧右击选择"插入关键帧"命令,把"背景 7"拖入舞台中,在第 205 帧右击选择"插入帧"命令。

新建"图层 4",在第 9 帧右击选择"插入关键帧",把建好的"人物"影片剪辑拖入舞台中,在第 100 帧右击选择"插入关键帧"命令,在第 150 帧右击选择"插入帧"命令,如图 15-70 所示。

图 15-70 人捡塑料袋动画效果图

新建"图层 5",按照图 15-71 效果图制作将塑料袋放入垃圾箱的动画。

图 15-71 放入垃圾箱动画效果图

新建"图层 6",单击文本工具输入文字,如图 15-72 所示。

图 15-72 文字效果图

项目 15 小结

本项目通过"文明礼仪伴我行"和"讲文明,爱环境"公益广告的制作,介绍了制作公益广告的基本技巧,熟练掌握绘图工具的使用,学会手写字的制作方法,掌握鼠标指针隐藏的设置方法,能够综合运用 Flash 操作技巧,制作出精彩生动的公益广告动画。

实战训练 制作"给后代留点绿色"公益广告宣传动画

操作要求

依据如图 15-73 所示四张图片,理解图中主题,运用 Flash 操作技巧,制作"给后代留点绿色"公益广告宣传动画。

图 15-73 "给后代留点绿色"公益广告效果图

参 考 文 献

[1] 温谦. Flash 动画制作高级应用[M]. 人民出邮电出版社, 2006.

[2] 刘荷花, 刘三满. Flash 动画制作实例教程[M]. 北京: 人民邮电出版社, 2011.

[3] 洪小达, 沈大林. 中文 Flash 8.0 案例教程[M]. 北京: 电子工业出版社, 2009.

[4] 田启明. Flash CS5 平面动画设计与制作案例教程[M]. 北京: 电子工业出版社, 2013.